中国重要农业文化遗产系列读本

闵庆文　邵建成　◎丛书主编

新疆奇台旱作农业系统

XINJIANG QITAI HANZUO NONGYE XITONG

张永勋　闵庆文　安　岩　主编

中国农业出版社

农村读物出版社

图书在版编目（CIP）数据

新疆奇台旱作农业系统/张永勋，闵庆文，安岩主编. —
北京：中国农业出版社，2017.8
　（中国重要农业文化遗产系列读本/闵庆文，邵建
成主编）
　ISBN 978-7-109-22688-3

　Ⅰ.①新… Ⅱ.①张… ②闵… ③安… Ⅲ.①旱作农业—研
究—新疆 Ⅳ.① S343.1

中国版本图书馆CIP数据核字（2017）第016338号

中国农业出版社出版
（北京市朝阳区麦子店街18号楼）
（邮政编码 100125）
责任编辑 吴丽婷 张丽四
———————————————
北京中科印刷有限公司印刷 新华书店北京发行所发行
2017年8月第1版 2017年8月北京第1次印刷
———————————————
开本：710mm×1000mm 1/16 印张：10.5
字数：200千字
定价：49.00元
（凡本版图书出现印刷、装订错误，请向出版社发行部调换）

编写委员会

丛书主编：闵庆文　邵建成

主　　编：张永勋　闵庆文　安　岩

副主编：梁　勇　李文渊　袁　正

编　　委（按姓名笔画排序）：

　　　　　王　俊　史媛媛　白艳莹　刘　昱

　　　　　刘某承　赵贵根　柳朝林　焦雯珺

丛书策划：宋　毅　刘博浩　张丽四

我国是历史悠久的文明古国，也是幅员辽阔的农业大国。长期以来，我国劳动人民在农业实践中积累了认识自然、改造自然的丰富经验，并形成了自己的农业文化。农业文化是中华五千年文明发展的物质基础和文化基础，是中华优秀传统文化的重要组成部分，是构建中华民族精神家园、凝聚炎黄子孙团结奋进的重要文化源泉。

党的十八大提出，要"建设优秀传统文化传承体系，弘扬中华优秀传统文化"。习近平总书记强调指出，"中华优秀传统文化已经成为中华民族的基因，植根在中国人内心，潜移默化影响着中国人的思想方式和行为方式。今天，我们提倡和弘扬社会主义核心价值观，必须从中汲取丰富营养，否则就不会有生命力和影响力。"云南哈尼族稻作梯田、江苏兴化垛田、浙江青田稻鱼共生系统，无不折射出古代劳动人民吃苦耐劳的精神，这是中华民族的智慧结晶，是我们应当珍视和发扬光大的文化瑰宝。现在，我们提倡生态农业、低碳农业、循环农业，都可以从农业文化遗产中吸收营养，也需要从经历了几千年自然与社会考验的传统农业中汲取经验。实践证明，做好重要农业文化遗产的发掘保护和传承利用，对于促进农业可持续发展、带动遗产地农民就业增收、传承农耕文明，都具有十分重要的作用。

中国政府高度重视重要农业文化遗产保护，是最早响应并积极支持联合国粮农组织全球重要农业文化遗产保护的国家之一。经过十几年工作实践，我国已经初步形成"政府主导、多方参与、分级管理、利益共享"的农业文化遗产保护管理机制，有力地促进了农业文化遗产的挖掘和保护。2005年以来，已有11个遗产地列入"全球重要农业文化遗产名录"，数量名列世界各国之首。中国是第一个开展国家级农业文化遗产认定的国家，是第一个制定农业文化遗产保护管理办法的国家，也是第一个开展全国性农业文化遗产普查的国家。2012年以来，农业部分三批发布了62项"中国重要农业文化遗产"，2016年发布了28项全球重要农业文化遗产预备名单。2015年颁布了《重要农业文化遗产管理办法》，2016年初步普查确定了具有潜在保护价值的传统农业生产系统408项。同时，中国对联合国粮农组织全球重要农业文化遗产保护项目给予积极支持，利用南南合作信托基金连续举办国际培训班，通过APEC、G20等平台及其他双边和多边国际合作，积极推动国际农业文化遗产保护，对世界农业文化遗产保护做出了重要贡献。

当前，我国正处在全面建成小康社会的决定性阶段，正在为实现中华民族伟大复兴的中国梦而努力奋斗。推进农业供给侧结构性改革，加快农业现代化建设，实现农村全面小康，既要借鉴世界先进生产技术和经验，更要继承我国璀璨的农耕文明，弘扬优秀农业文化，学习前人智慧，汲取历史营养，坚持走中国特色农业现代化道路。《中国重要农业文化遗产系列读本》从历史、科学和现实三个维度，对中国农业文化遗产的产生、发展、演变以及农业文化遗产保护的成功经验和做法进行了系统梳理和总结，是对农业文化遗产保护宣传推介的有益尝试，也是我国农业文化遗产保护工作的重要成果。

我相信，这套丛书的出版一定会对今天的农业实践提供指导和借鉴，必将进一步提高全社会保护农业文化遗产的意识，对传承好弘扬好中华优秀文化发挥重要作用！

农业部部长
2017年6月

自有人类历史文明以来，勤劳的中国人民运用自己的聪明智慧，与自然共融共存，依山而住、傍水而居，经过一代代努力和积累，创造出了悠久而灿烂的中华农耕文明，成为中华传统文化的重要基础和组成部分，并曾引领世界农业文明数千年，其中所蕴含的丰富的生态哲学思想和生态农业理念，至今对于国际可持续农业的发展依然具有重要的指导意义和参考价值。

针对工业化农业所造成的农业生物多样性丧失、农业生态系统功能退化、农业生态环境质量下降、农业可持续发展能力减弱、农业文化传承受阻等问题，联合国粮农组织（FAO）于2002年在全球环境基金（GEF）等国际组织和有关国家政府的支持下，发起了"全球重要农业文化遗产（GIAHS）"项目，以发掘、保护、利用、传承世界范围内具有重要意义的，包括农业物种资源与生物多样性、传统知识和技术、农业生态与文化景观、农业可持续发展模式等在内的传统农业系统。

全球重要农业文化遗产的概念和理念甫一提出，就得到了国际社会的广泛响应和支持。截至2014年年底，已有13个国家的31项传统农业系统被列入GIAHS保护名录。经过努力，在2015年6月结束的联合国粮农组织大会上，已明确将GIAHS工作作为一项重要工作，纳入常规预算支持。

中国是最早响应并积极支持该项工作的国家之一，并在全球重要农业文化遗产申报与保护、中国重要农业文化遗产发掘与保护、推进重要农业文化遗产领域的国际合作、促进遗产地居民和全社会农业文化遗产保护意识的提高、促进遗产地经济社会可持续发展和传统文化传承、人才培养与能力建设、农业文化遗产价值评估和动态保护机制与途径探索等方面取得了令世人瞩目的成绩，成为全球农业文化遗产保护的榜样，成为理论和实践高度融合的新的学科生长点、农业国际合作的特色工作、美丽乡村建设和农村生态文明建设的重要抓手。自2005年"浙江青田稻鱼共生系统"被列为首批"全球重要农业文化遗产系统"以来的10年间，我国已拥有11个全球重要农业文化遗产，居于世界各国之首；2012年开展中国重要农业文化遗产发掘与保护，2013年和2014年共有39个项目得到认定，成为最早开展国家级农业文化遗产发掘与保护的国家；重要农业文化遗产管理的体制与机制趋于完善，并初步建立了"保护优先、合理利用，整体保护、协调发展，动态保护、功能拓展，多方参与、惠益共享"的保护方针和"政府主导、分级管理、多方参与"的管理机制；从历史文化、系统功能、动态保护、发展战略等方面开展了多学科综合研究，初步形成了一支包括农业历史、农业生态、农业经济、农业政策、农业旅游、乡村发展、农业民俗以及民族学与人类学等领域专家在内的研究队伍；通过技术指导、示范带动等多种途径，有效保护了遗产地农业生物多样性与传统文化，促进了农业与农村的可持续发展，提高了农户的文化自觉性和自豪感，改善了农村生态环境，带动了休闲农业与乡村旅游的发展，提高了农民收入与农村经济发展水平，产生了良好的生态效益、社会效益和经济效益。

习近平总书记指出，农耕文化是我国农业的宝贵财富，是中华文化的重要组成部分，不仅不能丢，而且要不断发扬光大。农村是我国传统文明的发源地，乡土文化的根不能断，农村不能成为荒芜的农村、留守的农村、记忆中的故园。这是对我国农业文化遗产重要性的高度概括，也为我国农业文化遗产的保护与发展指明了方向。

　　尽管中国在农业文化遗产保护与发展上已处于世界领先地位，但比较而言仍然属于"新生事物"，仍有很多人对农业文化遗产的价值和保护重要性缺乏认识，加强科普宣传仍然有很长的路要走。在农业部农产品加工局（乡镇企业局）的支持下，中国农业出版社组织、闵庆文研究员担任丛书主编的这套"中国重要农业文化遗产系列读本"，无疑是农业文化遗产保护宣传方面的一个有益尝试。每本书均由参与遗产申报的科研人员和地方管理人员共同完成，力图以朴实的语言、图文并茂的形式，全面介绍各农业文化遗产的系统特征与价值、传统知识与技术、生态文化与景观以及保护与发展等内容，并附以地方旅游景点、特色饮食、天气条件。可以说，这套书既是读者了解我国农业文化遗产宝贵财富的参考书，同时又是一套农业文化遗产地旅游的导游书。

　　我十分乐意向大家推荐这套丛书，也期望通过这套书的出版发行，使更多的人关注和参与到农业文化遗产的保护工作中来，为我国农业文化的传承与弘扬、农业的可持续发展、美丽乡村的建设做出贡献。

　　是为序。

中国工程院院士

联合国粮农组织全球重要农业文化遗产指导委员会主席

农业部全球/中国重要农业文化遗产专家委员会主任委员

中国农学会农业文化遗产分会主任委员

中国科学院地理科学与资源研究所自然与文化遗产研究中心主任

2015年6月30日

　　"古丝绸之路"这条起始于古代中国，连接亚洲、非洲和欧洲的古代陆上商业贸易路线，将东西方文明联结起来，使中国古代文明向世界传播，让中国一度成为当时强盛文明的象征，也让世界科技、文化、物种资源汇入中国，为中国科技与文化的发展注入了新元素。坐落于准噶尔大沙漠南缘与天山北麓坡面狭长通道上的新疆维吾尔自治区奇台县，之所以成为古"丝绸之路"上的著名商埠、西域历史上仅有的几个重要名城之一，根本在于其在西域的重要的农业地位。奇台土地肥沃，气候相对湿润，是西北广阔荒漠地区的生命之洲。新疆奇台旱作农业系统发端于汉、唐时期，始于屯田农业，悠久的农业发展历史对祖国西部边疆的建设与发展曾做出过不朽的贡献。奇台县因地处边关，自古是重要的军队驻扎之地和兵家必争之地，历史上长期处于农耕民族与游牧民族交替控制的局面，因而留下了农耕文明和游牧文明相融合的文化特质和一个个悲壮雄浑、可歌可泣的边塞人物故事。广阔的土地和稀少的人口，造就了其浩瀚的农业景观和"无为而治"的农耕技术精髓。这个系统记录了西北地区的历史、文化和民俗，包含了农学、生态、地理等科学知识，以及适应自然的生存智慧。2015年，"新疆奇台旱作农业系统"被农业部列入第三批中国重要农业文化遗产（China-NIAHS）名录。

本书是中国农业出版社生活文教分社策划出版的"中国重要农业文化遗产系列读本"之一，旨在为广大读者打开一扇了解"新疆奇台旱作农业系统"这一重要农业文化遗产的窗口，提高全社会对农业文化遗产及其价值的认识和保护意识。全书包括八个部分："引言"简要介绍了新疆奇台旱作农业系统；"复合农业　浩瀚景观"介绍了该系统的农业基本特征及农业景观特征；"生计之源　富民之本"介绍了该系统在当地干旱环境条件下对生活的支持作用以及多功能特征；"特殊生境　绿洲生态"介绍了旱作农业系统的自然环境特征和生态服务功能；"融合文化　西域风情"介绍了奇台农业历史、边塞文学及民俗文化；"巧用自然　无为而治"介绍了奇台旱作农业相关技术和知识；"借助形势　谋求发展"分析了目前存在的问题以及机遇和前景，并提出了相应的对策；"附录"部分提供了该遗产地旅游资讯、遗产保护大事记、全球/中国重要农业文化遗产名录。

本书是在遗产申报文本和保护与发展规划的基础上，通过进一步调研编写完成的，是集体智慧的结晶。全书由闵庆文、张永勋设计框架，由闵庆文、张永勋、梁勇、李文渊统稿。编写过程中，得到了李文华院士的具体指导及奇台县政府和农业局领导的大力支持，在此一并表示感谢！

由于水平有限，难免存在不当甚至谬误之处，敬请读者批评指正。

编者

2016年11月

　　一方水土养一方人，一方水土孕育一种文化。自然地理条件一直是
决定经济发展水平、人口密度和文化特征的重要因素。中国西北的广大
干旱地区，因降水稀少、土壤贫瘠、风沙凛冽，难以发展农业，生存环
境极为恶劣，一直是不毛之地，人迹罕至。偶有流落到此之人，也是九
死一生，因而，也是古代王朝流放重刑犯之地。古老的丝绸之路横穿
这片山水阻隔、冰峰林立、流沙浩瀚、生死难卜、充满着艰险和神秘的
荒芜之地，成为古代中国与外域贸易和文化交流的主要通道，至今享誉
中外。有许多人为了实现其人生目标，不畏艰辛往返于这片大漠戈壁之
中，留下了一个个激荡人心的动人故事。在这条充满艰难坎坷的漫长道
路上，驿站和城堡便是途中人的物资补给之所和唯一的期盼。隶属新疆
维吾尔自治区昌吉回族自治州的奇台县，便是这样一个古丝绸之路上的
重要驿站，被称为丝绸之路上的"旱码头""金奇台"。

　　奇台之所以称为"旱码头"，是因为她是处在丝绸之路上的一座古
老城堡。自汉代以来，它一直是中原与西域各国进行商品交换的重要聚
散地，尤其是在清末民（民国）初，奇台商贾云集，店铺林立，建有庙

宇会馆多达60多座，是新疆最大的商品集散地之一，以会馆庙宇为代表的商业文化曾一度繁荣，"旱码头"声名鹊起。奇台当地的俗语"千峰骆驼走奇台，百辆大车进古城""来到古城子，跌倒拾银子"，便是对当时繁华商业文化的真实写照。

"金奇台"的由来，有多种说法。一种说法是，奇台因盛产黄金而得名。据《清代旅行家笔下的老奇台》一文载"奇台之西北之苏吉产砂金"，此地所产的白金砂，比黄金更为昂贵。另外，为人所熟知的北塔山，盛产黄金，奇台便是新疆最著名的产金之地。此外，据《奇台乡土志》记载："奇台盛产黄金，日出斗金。"因黄金矿储量丰富，吸引了天南海北的淘金人来此"淘金"，前仆后继，从未停息，有客死此地者，有满载而归者，亦有在此开疆辟壤、落地生根者。不管如何，曾经的"金奇台"一直是人们追逐财富的目的地。

"金奇台"由来的另一种说法是，奇台有面积广阔的麦田，因小麦成熟时为金色而得名。奇台有着悠久的农耕历史，小麦是主要的粮食作物，据《奇台乡土志》记载"小麦每岁约出一万二千石"，"官仓储粮达六万石"。这在当时，绝非小数。另外，奇台当地的小麦品种以"金包银"、无芒为特点。这种小麦外红内白，色白质优，果粒饱满，出粉率高，远近闻名。小麦广泛种植在山丘上、河边、泉水地，每当夏季成熟期，漫山遍野，麦浪滚滚，一片金黄，耀眼夺目。清朝末期，曾三度随军进疆的诗人萧雄在其《奇台》一诗的自注中写道："沙陀故地也，旧称富庶之区，北疆州县推为第一。俗有'金奇台，银绥来'之说。"

还有一种说法是，奇台山美水丰，草美土肥，是金不换的好地方。奇台地域辽阔，河渠交错，水源充足，沃野千亩，有高山、丘陵、平原，也有戈壁荒滩。夏季作物生长的山前平原，有泉水出露；河流两岸的滩地，有灌溉水源；丘陵之上，降水丰富，播种之后无需管理，便可获得丰收。雄伟的天山山脉，山腰处草场丰茂，高山上森林茂密。人有粮吃、有柴烧，畜有草吃，无疑是适宜人类居住的好地方。

无论哪一种说法，在古代"以粮定人数"的社会条件下，奇台曾经的辉煌与当地农业发展有着密不可分的联系。经历了2 000多年历史的奇台农业，逐渐形成了具有奇台特色的旱作农业系统。这个西北干旱区的"绿洲""粮仓"，为古代中国军队在此屯兵、抵御外敌、中外商品流通和文化交流提供了坚实的物资基础，为中华民族的稳定和中华文明向世界传播做出了重要贡献。

复合农业 浩瀚景观

一

新疆奇台旱作农业系统

（一）
三维的复合农业

对于中国西北干旱地区而言，水源条件是农业发展最主要的限制因素，有水的地方才可能发展农业。奇台县深居内陆，位于天山北麓，其县境内南部山地的丘陵地带，海拔较高，在1 200～4 356米，山麓地区有15～20米厚的黄土覆盖，年降水量在550～660毫米，气候相对周边地区湿润。来自遥远的大西洋上的暖湿气流，横穿欧亚大陆来到天山，由于受到高大的天山山脉阻挡，气流沿北坡缓缓爬升而成云致雨。随着海拔高度的逐渐上升，降水先不断增加，随后减少，形成了山麓较干旱、山坡湿润、山顶干凉的格局。当地人们根据气候和地形的特点，在山麓地区，开垦深厚而肥沃的土壤，利用天山上的积雪融水发展灌溉农业；在山坡上，利用相对湿润的气候、肥沃的土壤，创造了天山北麓典型的"靠天收"的特殊农业类型——雨养农业，成就了干旱区特殊气候带

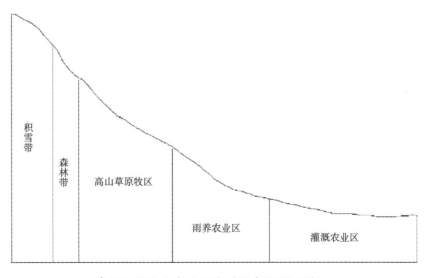

奇台山区立体农业示意（张永勋/绘制）

下的绿洲粮仓；在海拔更高的高山地区，利用高山草甸植被区的草原资源，发展畜牧业。形成了天山北坡从山麓到山顶"山麓灌溉农业，山坡雨养农业，高山之上发展畜牧业"的三维复合农业。

1. 山麓处的灌溉农业

灌溉农业，顾名思义是指通过人工灌溉措施满足农作物生长对水分的需要，并调节土壤的温度和养分，以提高土地生产率的农业。灌溉农业主要分为两大类：一种是指水浇田农业，即在作物生长期内，降水丰富的时段不需要灌溉，而在降水少的时段需要人工灌溉以满足作物正常生长的农业；另一种是指在降水量极少的干旱、半干旱地区，完全依靠灌溉才能存在的农业。新疆奇台，在地势低平的天山脚下，农业生产基本依靠地下水、河流水来灌溉，是典型的第二类灌溉农业。根据灌溉水源的来源方式，奇台的灌溉农业可以分为两种类型，即河水灌溉型和地下水灌溉型。

奇台灌溉农业*

---

* 书稿中除标注有拍摄人的图片以外，其余图片均由奇台县农业局提供。

奇台县南部山地丘陵区位于天山北坡，分布了多条自南向北流动的河流，如奇台县最大的河流——开垦河，还有与其平行的新户河、根葛河、中葛河、碧流河、吉布库河、达坂河、白杨河等。在低山丘陵农区的河槽地带，夏季来自山上的积雪融水和降雨，源源不断地汇积到河流里，为河槽两岸冲积而成的、地势平坦的河滩地带发展农业提供了水源便利；同时，河流两岸地区，土层深厚、土壤肥沃，十分适宜旱作物种植。因此，河流两岸地带是重要的灌溉农业区，主要种植喜凉作物春小麦、油菜、马铃薯和豆类等。

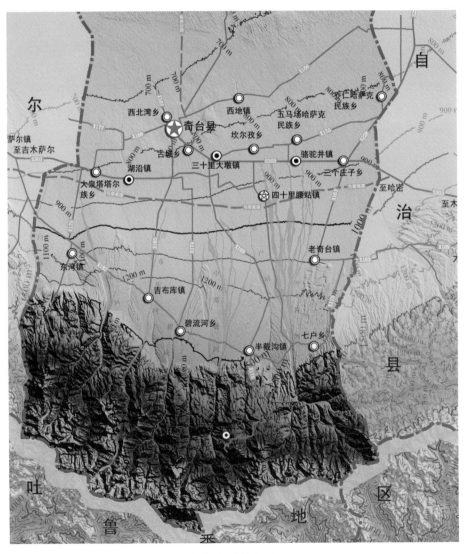

南部山区的河流

2. 山坡上的雨养农业

海拔1 000~2 000米的低山丘陵地带，拥有深厚而肥沃的黑钙土和栗钙土，与相对湿润的气候相结合，为旱地作物的生长提供了良好的自然环境。在这些坡度相对较缓、交通便利的浅山区，当地人经过祖祖辈辈的开垦与生产实践，探索出了一套完全依靠自然条件的农业种植制度，从而形成了天山北麓"靠天收"的特殊农业类型——雨养农业。

奇台县江布拉克景区是集中连片、面积较大的最典型雨养农业区。这里平均海拔在1 700米以上，冬暖夏凉，雨水丰沛，最适宜种植小麦、大麦等作物。当地农民利用这一有利条件，在坡坡、谷谷、沟沟、岔岔都种上小麦、大麦等作物，面积多达2万亩*，又因靠天吃饭，无需浇灌，称之为"万亩旱田"。

万亩旱田

---

* 亩为非法定计量单位，1亩≈667米^2。——编者注

万亩旱田是以旱作农业为主，以林果业、畜牧业等为辅的农业类型。旱作种植主要靠天然降水维持作物的生长，种植的皆为耐旱作物，全县最主要的粮食作物是小麦。因地形复杂、海拔高度变化大，不同的小气候区，种植的农作物品种也不同。一般而言，1 200～1 700米主要种植耐凉性强的一些作物品种，如小麦、红花、鹰嘴豆、大豆、油菜等，1 700～2 000米主要种植耐寒能力较强的作物品种，如青稞、荞麦和大麦等。此外，在沟谷地区种植有经济林树种，主要有杏树、沙棘、海棠和苹果等。

1 200～1 700米的麦地（张永勋/摄）

红花（张永勋/摄）

青稞（张永勋/摄）

雨养农业的种植方式比较简单，属典型的"懒汉庄稼"。小麦、青稞等作物的播种期一般在4月份，春季冰雪融化以后开始翻地播种。春播以后田间管理只限于看护，如防虫、除草等。由于田地主要分布在山坡上，无法浇灌，作物长势全凭自然降水，因此，也被称为"靠天收"农业。

除种植业以外，还有家庭养殖业。奇台县地理纬度较高，可供作物生长的时间短，不能进行一年两熟制生产，但是夏秋季节作物收割后还有一段植物适生期，当小麦和大麦等农作物收割以后，麦地里的草类生长出来，可以放牧，充分地发挥了土地的生产力。另外，小麦、大麦和青稞的秸秆也被充分利用，农民将其打捆堆放起来，作为牛羊饲料的加工原料。

麦茬地放养

3. 高山之上的畜牧业

该区一般海拔在2 000米以上，气候温凉，降水较少，植被主要为草甸草原，优势草本植物有高山早熟禾、苔草、羊茅、糙苏、白蒿、猫尾草、看麦娘等。草层较厚，一般在15厘米左右，覆盖度在65%左右，是优质的牧草资源。因此，在这一山区地带，多以放牧业为主。从事牧业的人群主要是哈萨克族牧民，饲养的动物主要有细毛羊、绵羊、马、鸡、黄牛和驴等。此外，当地人还充分利用山上各种草本植物的开花期在山间养蜂，酿造出纯天然的野山花蜜和野山花粉。

放牧（张永勋/摄）

养蜂（张永勋/摄）

　　哈萨克民族是一个有着悠久历史的古老民族，历来过着逐水草而居的游牧生活。由于天山气候的季节差异和地形的垂直变化，这个民族一年四季都在不同的时节转换牧场，在悠悠历史长河中逐渐形成了特有的"转场"游牧文化。

　　转春牧场。经过严寒和频频暴风雪的漫长冬季，牲畜基本将冬牧草场啃食干净。进入春季，天气开始显露出转暖迹象，但仍然忽暖忽冷，变幻不定。此时，虽然已到春暖花开的季节，但是由于天山牧场的海拔高，气温仍然较低，与冬季无太大差别。为了畜牧业的"传宗接代"，哈萨克族陆续从冬牧场转场至各自的春牧场，在春牧场进行接羔育幼。哈萨克族人一般选择水草茂盛、阳光照射时间长、土壤肥沃的向阳地段作为自己的春牧场。在持续一个月左右的接羔育幼后，此时才是高原山区春暖花开的季节，即5月。

春牧场

　　转夏牧场。春牧场主要用于牲畜繁衍，一般持续1个多月，时间比较短。从5月中旬起，哈萨克族人开始转向夏牧场。此时的夏牧场水草丰美，百花争艳，百鸟争鸣，风景秀丽。夏牧场还可细分为中牧场和夏牧场。中牧场为过渡牧场，是春牧场向夏牧场过渡的中间地带，这一带气温仍然不太稳定，还有冬季严寒的影子，哈萨克人赶着牲畜转场至中牧场后，只短暂停留几天，然后马上转至夏牧场。夏牧场为后山地带，气候温暖，风和日丽，牧草旺盛。在夏牧场，严寒的冬季和频繁的暴风雪天气完全消失，此时接羔育幼的工作已经完成，牧民进入农闲季节。气候温暖、牧草丰美，各类牲畜膘肥体壮，牧民们开始制作各类奶制品。哈萨克人开始相互间走家串户，享用春羔嫩肉、驼奶、马奶，其乐融融。此时，哈萨克人还会举行盛大的割礼、婚嫁等仪式，举办具有浓厚民族文化色彩的赛马、姑娘追、马上拾银、摔跤、阿肯弹唱等活动。

夏牧场

转秋牧场。盛夏过后，天气转冷，高耸的夏牧场开始飘起雪花，很快被洁白的积雪重新覆盖，哈萨克族人开始从夏牧场转向秋牧场。9月份的秋牧场，秋高气爽，马膘羊肥，此时此地，割礼、婚嫁、赛马、姑娘追、马上拾银、摔跤、阿肯弹唱等重大活动和仪式仍然在秋牧场进行。制作毡房用的各种材料，如各种盖毡、绣带、花毡等在这个时节进行生产。到了9月下旬至10月上旬，夏、秋季丰富多彩的生活慢慢结束，人们又开始为准备过冬的物资忙碌起来，并开始收拾行装，为集中赶往冬牧场而做准备。

转冬牧场。10月下旬，哈萨克族人开始向冬牧场转移。冬牧场一般选择在背风、暖和的地段。到了冬牧场，人们开始搭建和稳固毡房，宰杀牲畜备肉，为过冬准备食粮。冬宰过后，男人们白天过着"雄鹰猎狐狸，牧羊犬猎雪兔"的骑马打猎生活。孩子们在毡房附近骑着马驹奔驰，跨着牛犊拉羊皮，兴高采烈地练习着马术。夜晚，人们围坐在一起，享用各种美味的肉，弹着冬不拉，唱着古老的歌谣。

秋牧场

冬牧场

（二）

浩瀚变幻的景观

　　奇台旱作农业系统都分布在地形相对平缓的山麓地区和低山丘陵地带。由于地广人稀，劳动力有限，主要采用大规模的、较粗放的农业耕作方式。浩瀚的农业景观，随着季节的更替而不断变化，一年四季您可以观赏到令人震撼的不同美景。

1. 生机盎然之春

　　奇台灌溉农业区和雨养农业区因播种季节不同，而表现出不同的景观变化特征。灌溉农业区因海拔较低，年平均气温较高，主要种植冬小麦，一般在每年9月20日至10月初播种，小麦越冬之后，随着气温的升高，开始发芽返青，山脚下平坦的农田一望无垠，就像一张绿色的毛毯铺在上面，毯边伸向远方，消失在山脚下。偶有施肥的农民，开着农机在田里撒播肥料，犹如一个个黑色的墨点在绿毯上移动，充满了大自然生机勃勃的气息。

在连绵起伏的低山丘陵上和高大山脉的中下部，由于气温较低，一般实行春季播种制度。隆隆的播种机和强壮的耕牛在肥沃的黑土地上，

春季灌溉农业区的麦苗

雨养农业区的麦苗（闫有才/摄）

辛勤地播下希望的种子。一段时间之后，青青的麦苗钻出土壤，稀稀疏疏，展示着"草色遥看近却无"的初春意境。进入春夏之交的季节，一片片连绵起伏的山坡和一座座平缓的小丘披上了绿色的新装，如同初长成的少女，散发着青春的气息，也孕育着丰收的希望。与远处覆盖着的绵绵青草、点缀着些许森林，顶头一顶白色的毡帽似的山形成一幅壮丽的山水画。

2. 雍容华贵之夏

仲夏时节，作物开始成熟，小麦慢慢变黄，山脚下绿色的"毛毯"变成了一片金黄，万头攒动，摇曳着醉人的梦想，荡漾着美丽的故事。在灿烂阳光的照耀下，茫茫麦海，熠熠生辉，耀眼夺目。麦芒展开手臂，似无数金针，看护着籽粒饱满的金娃娃。微风吹来，摇曳着一片跳动的旋律。麦子似乎摇晃着骄傲的脑袋，随时等候着大地的主人前来收获。一排排、一列列，整齐划一的护田林，矗立在麦田中，似一队队威武雄壮的士兵，守护着丰收的果实。

灌溉农业区麦田与护田林交错分布（张永勋/摄）

　　在雨养农业区，一座座小山换上了耀眼的新装，满山尽披黄金甲，表现出雍容华贵之大气，丰收的喜庆跃上人们的心头。田间生长的一棵棵小树为金黄色的麦田点缀了丝丝绿意，增添了几许灵动和生机。近处耀眼的金色、远处朦胧的雪山一直伸向远方，层次分明，令人无限向往。站在山脚仰视天空，犹如一片片从天而泻的空中麦海，带给人无穷震撼。

雨养农业区成熟的小麦景观（张永勋/摄）

3. 牛羊遍野之秋

　　秋收以后，平坦的农田上，麦秸被捆扎成一个个圆柱形的"石碾"，整齐而均匀地排列在田间，透着秋天安静之美。山间农田里的小麦、大豆、红花等作物经过手工收割以后，一堆堆秸秆被均匀地摊放在田间晾晒，漫山遍野犹如繁星点点，蔚为壮观。麦秆回收以后，广阔的农田，又换上了新的装束。农民们把牛、羊等牲畜赶进麦茬地，一群群牛羊在田间悠闲地啃食着麦茬地的青草，那么安详静谧，绵延起伏的山丘，刹那间，又变成了一幅"天苍苍、野茫茫，风吹草低见牛羊"的草原牧场景象。起伏的山丘、遍布的牛羊、金色的麦茬、遥远的雪山、皑皑的白雪，构成了一幅别致的奇台旱作物农业景观。

被捆扎的麦秸

均匀堆放的大豆秸秆（张永勋/摄）

麦茬地放牧

　　雨养农业区以上，随着海拔的升高，绿草茵茵，这便是中国著名的牧场——天山牧场的重要组成部分。这里放牧的人们主要是哈萨克族人，他们拥有独特的生活习惯和特有的房屋建筑——哈萨克毡房（又名哈萨克白宫），白色的毡房通常集中安扎在山腰地形相对平缓、取水方便的位置。蓝天、白云、骏马、草原、绿茵草地，衬托起一顶顶白色的毡房，组成了一幅人与自然和谐与共的优美画面。哈萨克族作为游牧民族，按季节转移牧场，毡房也随季节在山间移动。

天山牧场

哈萨克毡房

4. 白雪皑皑之冬

　　奇台的冬季严寒漫长，平原地区一般从11月中旬土壤开始结冻，至翌年的3月下旬才解冻，山地丘陵区则提前10天结冻，晚1个月解冻。这一时期，降雪较多，降水总量占全年降水量的10%左右，由于地面气温都在0℃以下，降雪基本都在地表堆积起来。因此，进入冬季，奇台的农田变成了万顷雪原，一行行还没有被初雪覆盖的麦茬，让寂静的雪原变得柔美，增加了些许动感。晴日，在柔和的阳光照射下，白雪闪烁着

冬日的农田（张永勋/摄）

耀眼银光，那坡面上松林密布而不凌乱，青装素裹，美而不妖。

　　冬季，奇台旱作农业的核心区——江布拉克万亩旱田，让人有在雪地打滚撒野的冲动，但又不忍踏足。原以为高处不胜寒，实际上冬日的江布拉克白天极少有凛冽的寒风，大部分时间阳光明媚，清冷而不寒冷，碧空如洗，大地纤尘不染，让人有不知今夕何夕之感。远处，一座座彼此相连的山峰，披上了一层白色的纱，上面依稀露出一片片、一点点的青绿，显得格外苍翠。

二

生计之源 富民之本

新疆奇台旱作农业系统

<h1>（一）</h1>
<h1>农民生存的本源</h1>

1. 种植业

　　奇台人因地制宜，在不同的地形和小气候条件下，种植不同的农作物，以维持自己的生活。由于地广人稀，在奇台旱作农业系统这一农业文化遗产地范围内，农民人均拥有的耕地面积较广。种植业成为农民最重要的经济来源之一，直接影响到农民的生计安全，因此，保护和发展农业对提高农民收入有着重要的意义。新疆由于距内地较远，粮食调运成本高，国家对新疆粮食生产总的要求是"疆内平衡，略有节余"，奇台县年均生产的粮食占全疆粮食的5%以上，而人口数量和土地面积仅占全疆的1%。奇台县是新疆维吾尔自治区最大的商品粮基地，年提供商品粮30万吨，约占全疆商品粮总量的1/10，生产的商品粮主要供应乌鲁木齐、昌吉及东疆地区的市场需求，对确保自治区的粮食安全起着至关重要的作用。2013年，20万亩旱田中，小麦种植面积达15万亩，总产近6万吨，扣除种子、口粮及饲料，交售商品粮在4万吨以上，差不多占

立体种植业（张永勋/摄）

全县商品粮总量的1/7，20万亩旱田已成为新疆维吾尔自治区及奇台县粮食安全战略的重要组成部分。

除小麦、玉米等大面积的主粮作物外，红腰豆、小黑豆、小白豆、花芸豆、荞麦、糜子等小杂粮也是奇台旱作物系统的一个特色。小杂粮的种植，开始于清代屯田时期，随着农业生产的发展和陕、甘、晋等省人口大量出关流入新疆，给当地带来各种各样的农作物种子，奇台县的小杂粮生产日益兴盛。杂粮不仅能增加食物和营养的多样性，其与主粮轮作还可以改良土壤。如今，小杂粮产品在经济价值上已经超过了主粮，主要用作口粮、畜料、食品酿造与加工原料等，对提高农民收入有着重要的贡献。

红腰豆

小黑豆

小白豆

花芸豆

荞麦

糜子

秸秆机收一体化

农作物副产品资源化也已成为农民增收的重要渠道之一。原来被视为无用之物的秸秆，开始被农民视为资源利用起来。为了提高秸秆的利用率，奇台县还举行秸秆机收一体化现场演示会，吸引更多的农户利用秸秆。奇台县农业合作社开始尝试农作物秸秆机收一体化产销模式，由合作社出面对农户的农作物秸秆进行机械收集打捆、装车，由合作社高价销往各养殖场、养殖小区及全疆各地草料市场，有的甚至远销哈萨克斯坦等国家。2012年，奇台县各类农作物秸秆机械回收率超过50%，农民因此亩均增收30元以上。按照全县100万亩小麦计算，全县农民增收超过1 500万元。

2. 养殖业

养殖业是遗产地农民家家户户都从事的另一项农业类型，是农民另一项重要的经济来源。养殖农户分为两种：一种是种田兼养殖的农户；另一种是专业养殖的农户，基本是居住在山上的哈萨克民族的牧民。种田兼养殖的农户，养殖的家畜主要是牛和羊，规模不大，一般在十几头到五六十头不等，除去投入，年均净收入2万～5万元。近年，还有一些农民，在高山草原的牧草开花期，放养蜜蜂，酿制野山花蜜，以增加收入。在高山上放牧的哈萨克族，过着逐水草而居的游牧生活，主要养殖牛、羊、马等动物，依靠出售活畜和奶制品获得经济收益。主要动物加工产品有羊毛、羊肉、牛肉，还有酥油、奶酪、酸奶和奶疙瘩等各种奶制品。

利用丰富的秸秆资源，科学规模养殖逐渐成为农民从事牧业的新模式。采取大户能人牵头、群众入股成立养羊、养猪合作社的方式，整合旱作农业区的养殖资源，提升养殖效益、推动群众养殖增收步伐。该地充分利用兴边富民工程等项目，大力规划建设专业化养殖小区，并制定《标准化养殖小区建设方案》，对场址选择、建设用地、建设内容、建设布局、生产技术要点、生产管理等方面都制定了详细规范。在政策扶持上，只要在农场、社区规划的养殖小区内建圈，在建圈、青贮、黄贮、购种畜上均给予补贴。为解决农牧生产中日渐呈现的体制不适应，信息

牧业

流通不畅，养殖户产品销售困难等问题，该地通过劳动力和资金的整合，把分散经营的养殖户组织起来，进入市场，参与竞争，形成"组建一个合作社，辐射一批群众，带动一个行业"的格局。

3. 林业

遗产地林业主要以果树种植为主，经济林树种有杏子、沙棘、海棠和苹果、葡萄、梨、李子等。近几年，由于消费结构的变化，果品的市场前景十分广阔。奇台县光照时间长，气候干旱，在这种气候条件下，林果业的病虫害少，果品质量高。奇台县利用气候优势，开始发展特色林果业，林果业的规模逐渐扩大。截至2014年年底，全县林果业总面积达到3.83万亩，其中，苹果（黄太平为主）1.2万亩、枸杞1.3万亩、

奇台海棠成熟时

杏（山杏、仁用杏）1.2万亩；建立海棠果果干加工厂2家，日处理黄太平鲜果80吨；仁用杏开口杏加工厂1家，年处理仁用杏核50吨。全县林果业总收入1 254万元，其中，海棠果410万元，亩均收入437元（目前多数面积尚未挂果，挂果后亩均产值预计达到1 500～2 000元/亩）；苹果273万元，亩均收入1 213元；杏164万元，亩均收入547元；葡萄75万元，亩均收入1 515元；枸杞62万元，亩均收入47元；香梨60万元，亩均收入2 500元；其他果品239万元，亩均收入3 257元。2014年，全县林业产业总产值达到1.029 1亿元，农民林业人均纯收入达到735元。林果业成为遗产地农民增收的新渠道。

（二）走向幸福的依靠

1. 旅游业

（1）文物古迹

奇台农业历史文化悠久，地理位置特殊，地形地貌独特，旅游资源十分丰富。奇台农业最早起源于新石器时代。考古发现新石器氏族部落遗址5处，出土的石球、石锄、陶纺轮、铜镜、瓷器等文物760多件。奇台古城历来就是北丝绸之路上的商埠重地，因历史文化积淀丰厚，古迹连连，有著名的庙宇、会馆61处，甚至比自治区首府乌鲁木齐都多。目前，奇台县城内仍保存着河南会馆、陕西会馆、甘肃会馆等数座会馆，是历史上古城奇台商业文明的象征。会馆中以山西会馆建筑最为考究。前院有戏楼，中院设关羽殿，后院建有砖木结构的春秋楼，堪称古城的一大景观。中国历史上的明清两代，山西"晋商"远近闻名，这些商人发家后大多不纳妾，不嫖妓，不花天酒地醉生梦死，他们崇尚儒家，恪守家规，秉承家风，把钱用于修建宅邸或用于扩建会馆。会馆中的"春秋楼"是一道独特的风景，金碧辉煌，登高远望，奇台全景尽收眼底。抗战时期，盛世才恐春秋楼为日机轰炸，下令拆除。如今，春秋楼已被重建，矗立在奇台县城，成为奇台重要的旅游资源。

奇台春秋楼（重建）

奇台县山西会馆

　　据历史资料记载：山西会馆建于清光绪五年（1879年），坐落在古城西街，东西宽92米，南北长200米，占地面积18 000平方米。春秋楼就坐落在山西会馆内，占地200平方米，是一座三层四角，顶层为八角的塔形木阁楼。楼高38米，有四根18米长的通天圆木柱直通楼顶，支撑着楼体。春秋楼是杰出的建筑艺术作品，是劳动人民建筑艺术与智慧的结晶。它高高矗立在古城最繁华的地段，几十年里一直是古城子第一大景观。除祭祀外，人们还在此登高观景。喝酒品茶，站于三楼，楼下古城街景尽收眼底，楼外天山巍巍，大漠茫茫，奇台天山景物一览无余。楼上角楼的角铃随风摇曳，叮咚作响，阁楼顶端绿色璃顶，光彩夺目，似高悬于天空的路灯。来往于四面八方的城乡路人，未见城郭，先见斯楼。它是奇台悠久历史的标志，也是这座繁华城市的象征。

春秋楼

（2）江布拉克自然风光

奇台旱作农业系统，以其广袤、壮阔、色彩艳丽为特色，成为奇台最具吸引力的旅游资源。尤其是遗产地核心保护区——国家4A级景区江布拉克景区是重要的看点之一。"江布拉克"是哈萨克语，意为圣水之源。它集结了天山之灵气，并融入诸多美丽的传说。在这里，远山近水相映，林海雪峰交融，绿波花海如潮，一派圣洁的自然风光。江布拉克景区以其秀美迷人，峻峭挺拔的刀条岭，如诗如画的花海子，明静清幽的黑涝坝，以及世界之最的天山怪坡，被称为摄影者、自驾游者和徒步者的天堂。

峻峭挺拔的刀条岭。刀条岭因山体长，山顶尖，形似一把横卧的长刀而得名，刀条岭以松涛、云海、断崖而出名。刀条岭岭分二路水，潮惊四面山，山体美丽秀雅，丰姿绰约。盛夏，微风掠过刀条岭，这里除了遮天蔽日的原始森林之外，一望无垠的草地和庄稼汇成绿色的海洋，拥抱和环绕着刀条岭；从摇曳的绿草丛中伸出五颜六色的山花，尤其是那些鲜艳的山花，犹如一朵朵绯红的轻云，簇拥着刀条岭，花香陶醉着刀条岭。

刀条岭（张永勋/摄）

江布拉克的花海。春夏之交，五哥泉绿草如织，青松林立，鸟语花香。在每年的6、7月份，江布拉克是避暑消夏的季节。因海拔高，天气凉爽，江布拉克景区繁花似锦，初到此地，仿佛时光倒流到春季。没膝的党生花、贝母花、农民栽种的红花，还有许多叫不出名字的野花漫山遍野，五颜六色，在田间、在草地里，层层叠叠，争奇斗艳，沁人心脾。绿茸茸、湿漉漉的草地上，凉风习习，尽情呼吸新鲜的空气和花草的芳香，一种心灵被大自然净化的感觉油然而生。

江布拉克的花海

五哥泉的传说

很早以前，天山北坡的一个地方，气候湿润、土壤肥沃，人们在这里开垦田地，修建房子，安居乐业。有一个村子里，生活着一对夫妇，他们有五个儿子，个个身强体壮，善良可爱，一家人过着幸福的生活。谁知好景不长，有一年春种之后，久旱不雨，持续两三个月没下一滴雨，河水渐渐干涸。毒辣辣的太阳不停地炙烤着大地，原本绿茵茵的田里的庄稼和山间的草木都变得焦枯，多数人们都离开家乡逃荒去了。曾经生机勃勃的美丽家园，一下变得寥无人迹。一天，村里面来了一位鹤发童颜的老人，头戴斗笠，手持拐杖，到这对夫妇家里讨水喝，这对夫妇见老人嘴唇干裂，十分口渴，便把家里储存不多的水，分给了老人一碗，老人临走时对这对夫妇说："打开木笼坝，大水满天下"，然后向后山走去，消失在山谷里。夫妇把五个儿子召集起来说："孩子们，打开木笼坝，大水满天下，去找木笼坝吧，只要从木笼里放出一小股水，人们就有救了。"五个儿子牢记父母的话上路了，四处寻找木笼坝。一路上磨破了鞋子，磨破了脚掌，干粮吃完了，就吃野菜、野草和野果，最终蹚过一道火海，翻过一座刀山，终于找到了木笼坝。看守木笼坝的正是那位鹤发童颜的老人——老神仙。五个儿子上前给老神仙叩头，并哭诉着家乡的旱灾，老神仙十分感动，顺手拿出五个一样大小的红葫芦放在浩瀚无垠的木笼坝里装满水，分别交给他们兄弟五人，叮嘱说："这红葫芦里的水，倒在地上就能生出一眼泉水，倒在河里就能生出一河水，倒在缸里就能生出一缸水。"兄弟五人牢记老神仙的话，就拜别老神仙往回走去。由于路途艰险，在回家的途中，兄弟五人因为营养不良、顶风冒雨、积劳成疾，又因无水喝，而且舍不得喝红葫芦里的水，渐渐身体难以支撑，就在离家不远的地方，全部倒在山坡上，再也没有苏醒，五个红葫芦的水也全部洒在了地上，立刻在他们五兄弟身边各生出了一股清泉，哗啦啦地向山下流去。田里的庄稼、坡上的森林，因泉水而返青。第二年，田野完全恢复了往日的生机，这里又成为一片乐土，人们相继回到了自己的家园。为了纪念夫妇的五个儿子，人们把这五眼泉叫做五哥泉，并代代相传地叫了下去。

黑涝坝，也叫美湖。有大小两个坝，均在马鞍山下，当地人惯称其为大涝坝和小涝坝。大涝坝约300平方米，小涝坝面积约100平方米，呈椭圆形。大、小涝坝十分神奇。大涝坝里有不断向外流水的五个泉眼，但是水并不因此而溢出。小涝坝常年向外流水，但从不干涸。固当地有歌谣曰："姐妹泉，姐妹泉，看起黑，舀起白，大不满，小不干，饮不尽，喝不完，干旱年成也不浅。"大、小涝坝四周被丛林包围，松柏参天，绿树成荫，湖水看起来是黑色的，盛在碗里却是无色的。正如郭沫若先生描绘天池的诗句："一池浓黑沉砚底，万树长毫挺笔端。"遇到雨水多的年份，水深不见底，有"岸无松影浮绿藻，风起荷花四面来"的美誉。

奇台黑涝坝

    天山怪坡位于江布拉克景区内，距奇台县城半截沟镇10千米，风景优美。该怪坡从坡底到坡顶的实际距离为290米，为世界最长的怪坡。在这里，无论是小轿车，还是摩托车，下坡时（从北向南）不加油门，

天山怪坡（张永勋/摄）

车不仅不朝前走，而且会后退，直至溜到"坡顶"；骑自行车下坡时需要用力蹬，才能前行，上坡时无需脚蹬，加速向上爬。除了车辆，只要是圆形的物体，也会出现向坡上滚动的现象。这一奇异的现象成为江布拉克宝贵的旅游资源。

江布拉克景区的这些奇景每天吸引了大量的国内外旅客到此游览。2015年，接待疆内外游客已达百万人，其中过夜游客48万人，实现旅游收入17.5亿元。农牧民成为旅游接待的重要力量，他们通过开设农家乐、农事体验，积极参与到旅游产业中，旅游业已经成为当地农牧民收入的重要来源。目前，奇台县正在对景区软硬件设施进行统一规划、提升改造，向国家5A级景区迈进。

（3）旅游产业

丰富的自然景观、历史文化景观以及农业景观，为奇台发展旅游业提供了得天独厚的资源条件，"十二五"期间，奇台县把旅游业作为奇台县经济增长和人民增收的重要引擎，提出了"丝路古城，历史名城；商贸重镇，物流新港；准东高地，旅游胜地；经济强县，美丽奇台"为主题的发展目标，加大了旅游资源开发资金投入与开发力度，积极整合各种旅游资源，完善旅游设施，拓展旅游服务功能，规范旅游管理，实现了旅游业的快速发展。2010年以后，奇台旅游增长速度明显提高，旅游人次不断增加，2013年，旅游人次达到200多万人次，2015年接待游客243.6万人次，实现旅游收入18亿元。

2. 认证农业

随着人们生活水平的提高，对健康食品的需求越来越高，绿色、有机和无公害食品的市场需求不断扩大。对于农民而言，在土地面积有限的情况下，发展高品质农业，是提高收入的有效手段。特别是作为农业文化遗产，因为仍然使用传统的生态种植方式，农田环境基本没有污染，具有发展高品质农业的明显优势。因此，近些年，奇台县将"三品一标"（无公害农产品、绿色食品、有机食品和农产品地理标志）认证作为保障农产品质量安全、增强农产品市场竞争力的有力抓手，用"三品一标"认证助力农业文化遗产地农业优势的发挥和潜力的释放，形成一批知名度高、带动力强、辐射面广的无公害绿色有机农产品品牌，有效提升全市农产品品牌形象和市场竞争力。

2012年申报"三品"认证8个，其中包括白酒、面粉、白洋芋、大麦、马铃薯、燕麦等产品；申报绿色农产品基地20万亩（绿色玉米生产原料基地）；完成农产品质量安全检验检测76批次、1 634个样品，合格率达100%。2015年，已完成10个无公害产品的环评、产品检测任务，完成新增60万亩绿色小麦基地的材料申报与环境检测工作，并上报新疆维吾尔自治区绿色食品发展中心。积极引导本地面粉企业参与奇台面粉的申报和宣传，目前，本地"天山"和"八一"两家企业已打造"奇台面粉"地标标识上市，产品远销全疆各地及甘肃、哈萨克斯坦等地，进一步扩大了"奇台面粉"地标的影响力。

"三品一标"认证

3. 六次产业

农业受气候、天时、土地面积和质量的限制较大。与工业及第三产业相比，比较效益低，竞争力低，因此，仅仅靠传统的、单一的农业生产，很难获得满意的经济收益。改变单一农业种植模式，发展复合农业和设施农业，延长产业链，发展第二、三产业是乡村经济发展的方向。

事实上，自明朝永乐年间，奇台就利用当地的小麦进行美酒酿制，发展至今已经有600余年的历史，被誉为新疆第一窖。如今奇台县拥有新疆第一窖古城酒业有限公司，主营白酒兼营红酒、纯净水、生产销售、集中供热、工业旅游、粮食收购，能生产清、浓、酱、兼香4个香型200多个品种。该公司也因其悠久的酿酒历史，独特的酿制工艺，荣获了无数的荣誉。如其清香型"古城大曲"曾荣获1984年、1988年两届商业部银爵奖；1993年被中华人民共和国国内贸易部授予"中华老字号"企业和"中国食品工业协会骨干企业"，同年，还获得"中国优质白酒精品奖"；1998年10月又被批准进入国际精品批发体系；2000年"精品古城老窖、精品古城特曲"双双荣获第二届国际酒文化节白酒类金奖等。第一窖古城酒业公司以旱作农业产品为基本原料开发各种酒产品，并围绕酒产业发展工业旅游，既解决了大量人口就业问题，也为奇台经济的发展做出重要贡献。

奇台古城酒（张永勋/摄）

以奇台旱作农业系统的农产品为原料的农产品加工业，近年也得到大力的发展。全县规模以上的面粉企业7家，其中，日处理小麦300吨以上的面粉企业2家，日处理100吨以上的面粉企业5家，年产面粉25.3万吨，工业总产值达到7.3亿元，占全县工业总产值的49%。主要产品有小麦特质一等粉、特质二等粉、标准粉和专用粉等，专用粉四大系列几十个品种，有全麦粉、高筋粉、饺子粉、雪花粉、自发小麦粉、馒头粉、挂面粉、面包粉、"7+1"营养强化粉等系列产品。产品畅销全疆内外，并有大量产品出口相邻国家，深受消费者喜爱。此外，围绕面粉发展了小麦麦胚和挂面等下游产品。

杂粮面粉（闵庆文/摄）

奇台小麦粉（张永勋/摄）

麦胚营养片的主要生理功效

1. 富含维生素E。维生素E是生命有机体的一种重要的自由基清除剂，一种强抗氧化剂，能有效阻止食物和消化道内的脂肪酸氧化产生的有害物质的伤害。

2. 是极好的自由基清除剂，能保护生物酸免受自由基攻击，是有效的抗衰老营养素。

3. 提高机体免疫能力。

4. 保持血红细胞的完整性，调节体内化合物的合成，促进红细胞的合成。

5. 促进细胞呼吸。

6. 延缓人体衰老，防肿瘤。

这几年，奇台县充分利用自然条件和旅游资源的优势，大力发展设施农业，各乡镇村因地制宜，在山峦地、沟壑间建起一个个整齐划一的冬暖大棚，种植番茄、辣椒、茄子、草莓等蔬菜水果，不仅满足了当地的需要，也让广大农民冬闲变冬忙，大棚种植已悄然托起了奇台农民冬季增收致富的梦想。同时，还结合旅游业、农产品加工，创新发展"第六产业"，农民收入得到大幅度提高。

吉布库镇"壹方阳光"产业融合发展模式

"壹方阳光"休闲观光农业园区位于奇台县南部，距县城17千米的奇台县吉布库镇华侨村内，占地约1 200亩。该园区始建于2009年，目前，已有124座温室大棚，种植各类无公害反季节蔬菜、瓜果等20多个品种；农耕文化博览区展览面积3 000平方米，包括综合展区、传统农耕文化重点类型展区、农业文化遗产保护成果展区和农耕文化传承与发展展区；园区还建有赛马射箭场可容纳观众20 000人。"壹方阳光"已初步形成环境幽雅而淳朴的田园风光，形成了集科研、种植、养殖、旅游休闲为一体的绿色生态园。

"壹方阳光"赋（闵庆文/摄）

"壹方阳光"主打反季节的蔬菜和水果的种植，来弥补当地蔬菜水果，尤其是冬季蔬菜供给之不足。园区的经营方式为向个人提供场地租赁服务，由承租人自己根据市场情况种植作物。例如，吉布库镇农民卢江于2014年承包种植了19个棚的草莓，主打冬季草莓采摘休闲农业和草莓深加工产业。据他介绍，一个棚一个冬季下来能收入7万~8万元，19个棚一个冬季收入可达130万元。刘生清也是温室蔬菜大棚种植户，利用了冬季农闲时间主要种植毛芹菜，用羊粪和鸡粪做肥料，不打农药，一个冬季可收获两茬以上，亩产1.5万元左右。

草莓种植

吉布库镇地处南部天山逆温带上，是发展冬季温室大棚种植的理想之所。近年来，该镇通过招商引资和农民自愿的方式，积极推广冬季大棚特色种植，帮助农民发家致富，目前，全镇种植草莓的温室大棚55个，鲜食葡萄53个，特色林果30个，叶菜果菜类大棚62个，仅此一个冬季可获纯收入200多万元。近两年，随着江布拉克的游客不断增加，这里开始打造东三县的草莓基地，实现基地深加工，并依托江布拉克和南山滑雪场冬季旅游，开展游客现场采摘，打造一体化产业链。

奇台"一棵树"粉条加工专业合作社

奇台县七户乡的平顶山，海拔约1 700米，生长着一株枝繁叶茂的壮硕榆树，在这种气候环境下，本来难以生长树木，却偏偏孤零零地生长着一棵古树，因而十分罕见。当地居民也不知道这棵树从何时开始生长，如今这棵树遒劲挺拔、饱经沧桑，被乡民们甚至更远地方的人们视为神树，前来参观祭拜的人络绎不绝。近几年，七户乡利用"一棵树"为品牌开了一系列的产业，粉条加工专业合作社便是其中之一。

神树赋（闵庆文/摄）

七户乡地处南山逆温带，种植出来的土豆淀粉含量高、质量好，加工而成的粉条色泽鲜亮、口感润滑，因此，很早就有粉条加工的历史，传统作坊式手工加工粉条工艺已传承了几代人。2013

年，奇台县粮都农业服务专业合作社与七户乡政府合作整合了10家小作坊，成立了"一棵树"农产品加工合作社，按照"合作社+基地+农户"的模式，立足山区资源优势，挖掘传统文化工艺，采取统一生产技术、统一包装，打出了"一棵树"品牌手工土豆粉条，发展传统无公害土豆粉条加工业，形成了无公害土豆粉条产业，吸纳30多户农民入股经营。该社社员张玉祥2012年种了10亩土豆，交售了4 102千克，收入2万多元，按照合同规定他又分到了1 200元的红利。张玉祥表示，利润很可观，以后有闲的资金，还继续投入合作社。

2013年，该合作社已投资300多万元建起了土豆粉条加工厂和2 000亩土豆种植基地，年加工手工土豆粉条达100吨，销售收入达120万元。

七户乡"一棵树"

奇台县七户乡油菜花节

每逢7月下旬，奇台县七户乡数百亩连片的油菜进入盛花期。覆盖在起伏的山丘上的金灿灿的油菜花，如同涌动的潮水，席卷而来，给人以鲜明的立体感。各地慕名而来的一队队游客和摄影爱好者聚集此地，沉浸于蝴蝶飞飘、蜜蜂穿梭的花海中，感受浓郁芳香的油菜花与自然的和谐。

自2013年，奇台县七户乡立足500多亩油菜花及良好的自然生态资源开始举办旅游节庆活动，意在利用自身的资源优势，拓宽产业发展渠道，着力打造有影响的知名品牌，吸引更多的人流、物流、资金流涌入七户乡，为七户乡的全面建设注入新的活力。目前，七户乡逐步走出了一条以旅游业带动，物流业支撑，一、二、三产业共同发展的路子。

2013年，举办的首届油菜花节，使得七户乡这个名不见经传的偏远乡镇，受到了广大游客的关注。2015年7月20日，奇台县七户乡举办了"叙家乡情、游平顶山、观一棵树、赏油菜景、品农家饭"为主题的第二届油菜花节绚烂开幕，精彩的系列主题活动带领各方游客走进七户乡、了解七户乡，支持、参与七户乡经济社会发展。不少游客表示，七户乡的"油菜花海"使人离开城市的喧嚣、工作的压力和生活的疲惫，来到户外享受田园风光、感受自然气息，还能品尝高品质的蜂蜜，确实为休闲娱乐的理想选择。

七户乡油菜花节

三

特殊生境 绿洲生态

新疆奇台旱作农业系统

（一）
戈壁荒滩上的栖居地

1. 位于内陆高原

（1）新疆自然地理特征

新疆地处亚欧大陆腹地，中国西北内陆，面积166万平方千米，占中国陆地面积的1/6，是中国面积最大的一个省份，也是中国最大的边疆省份，陆地边境线约5 600千米，周边与俄罗斯、哈萨克斯坦、吉尔吉斯斯坦、塔吉克斯坦、巴基斯坦、蒙古、印度、阿富汗八国接壤，在历史上是古丝绸之路的重要通道，现在是第二座"亚欧大陆桥"的必经之地，战略位置十分重要。新疆现有47个民族成分，主要居住有维吾尔、汉、哈萨克、回、蒙古、柯尔克孜、锡伯、塔吉克、乌兹别克、满、达斡尔、塔塔尔、俄罗斯等民族，是中国5个少数民族自治区之一。

新疆地形总的特点为山脉与盆地相间排列，盆地被高山环抱，被人们概称为"三山夹两盆"。北部为阿尔泰山，南部为昆仑山系；天山横亘于新疆中部，把新疆分为南、北两半；在天山山脉与昆仑山脉之间夹着的是塔里木盆地，天山与阿尔泰山之间夹着的是准噶尔盆地。人们习惯上把天山以南的地区称为南疆，天山以北的地区为北疆，把哈密、吐鲁番盆地称为东疆。新疆分布在内蒙古高原上，地势较高，但各地海拔悬殊，最低点吐鲁番艾丁湖低于海平面155米，也是中国陆地的最低点，而最高点乔戈里峰位于中国与巴基斯坦的交界处，则达到海拔8 611米。位于准噶尔盆地中央的古尔班通古特沙漠（北纬46°16.8′，东经86°40.2′）是陆地上距离海洋最远的地方，距离最近的海岸线有2 648千米（直线距离）。

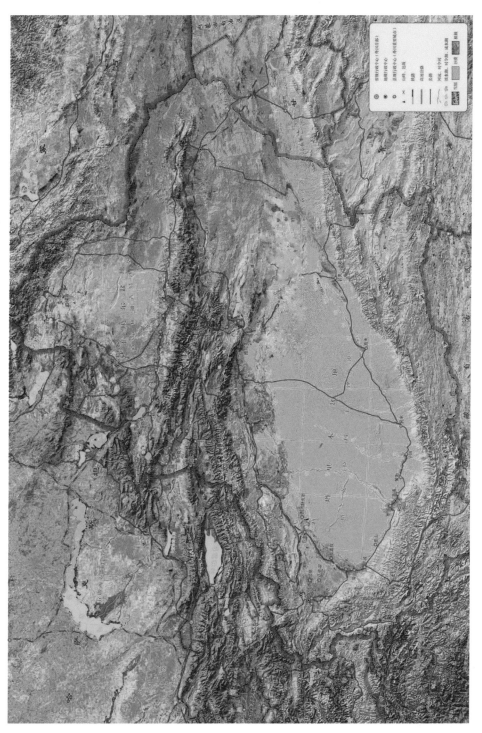

新疆地形

　　由于深居内陆，远离海洋，四周有高大的山脉阻挡，海洋气流不易到达，形成了典型的温带大陆性气候。年内、日内和地区间的气温温差大，南疆的气温高于北疆。最冷月（1月），平均气温在准噶尔盆地为-20℃以下，其中，该盆地北缘的富蕴县绝对最低气温曾达到-50.15℃，是全国最冷的地区之一。最热月（7月），"火洲"吐鲁番盆地的平均气温为33℃以上，最高气温曾达至49.6℃，居全国之冠。在春夏和秋冬之交，新疆大部分地区日温差极大，故历来有"早穿皮袄午穿纱，围着火炉吃西瓜"之说。降水量少，气候干燥，日照时间充足，年日照时间达2 500～3 500小时，年平均降水量为150毫米左右，但各地降水量相差很大，北疆的降水量高于南疆。

　　因降水稀少，新疆荒漠、草原广布。拥有中国最大的沙漠——塔克拉玛干沙漠（面积为33.76万平方千米）、第二大沙漠——古尔班通古特沙漠（4.88万平方千米）和第九大沙漠——库姆塔格沙漠（2.28万平方千米），此外，还有一些面积较小的沙漠分布于新疆各地，沙漠总面积43.04万平方千米，占中国沙漠总面积的近60%。

古尔班通古特沙漠

　　新疆的草原共有80万平方千米，占全国草原面积约25%，其中可利用草原面积占全国可利用草原面积的23%，名列全国第二，是我国五大牧场之一。因不同地区的气候、地形差异大，新疆草原的类型主要分为以下几种：①山区草原，主要分布在帕米尔东侧，天山山脉、阿尔泰山系，昆仑山区的盆地、谷地、台地和山坡一带；②湖区草原，主要在乌伦古湖、艾比湖、赛里木湖、博斯腾湖等湖泊的湖滨地带；③平原草原，位于额尔齐斯河、乌伦古河、伊犁河、塔里木河等河流域的冲积扇周围。

　　在这些草原中，以天山中部的巴音布鲁克草原（中国第二大草原）、伊犁谷地草场、阿勒泰地区的卡拉麦里山草原和喀纳斯草原最为著名。新疆草原质量较好，在80万平方千米的草原中，几乎全部可以用来放牧。天山南北坡的草原拥有禾本科、豆科植物60多种，如紫羊茅、野燕麦、草木樨、紫花苜蓿等，都是草质肥美、营养价值很高的牧草。此外，世界上栽培的主要牧草，在新疆都有野生存在，可以说新疆草原是天然的牧草种质资源库。

天坡北坡牧场（夏铨/摄）

新疆地域面积虽十分辽阔，但由于农业灌溉水资源十分缺乏，可耕种面积十分有限，全区耕地仅占全区面积的2.43%。这些耕地主要分布在河流沿岸或地下水资源丰富的地区，如山前平原，各大河流阶地和中下游地区平坦的冲积平原。

（2）奇台位置及旱作农业系统分布

奇台县位于新疆维吾尔自治区东北部，昌吉回族自治州东部，天山东段博格达峰北麓，准噶尔盆地东南缘，东经89°13′～91°22′，北纬43°25′～49°29′。县城西距自治区首府乌鲁木齐195千米，距昌吉234千米。全县总面积1.93万平方千米，辖15个乡镇（六镇九乡），60个行政村，总人口23万人（含兵团驻县团场3.6万人），其中农业人口14.1万人。其南部属天山东段博格达峰北麓山区丘陵地带，水源丰富，因此，成为新疆最为重要的农业区，经历长期的发展形成了西北干旱地区典型的旱作农业系统。新疆奇台旱作农业系统以利用天然降水和天山冰雪融水发展农业为特点。遗产地范围包括奇台县境内的10个乡镇，即七户乡、老奇台镇、兵团第六师中心团场、碧流河乡、半截沟镇、乔仁哈萨克族乡、大泉塔塔尔族乡、东湾镇、吉布库镇和五马场乡，总面积为3 241平方千米。遗产地范围内以利用天然降水和高山冰雪融水为主要水源的旱地面积达20万亩，实行农、林、牧一体化的生产模式，合理的利用水土资源，保护生态环境，维持长期稳定的生产发展。

2. 地形复杂多样

奇台县地形主要由三大部分组成，南部为山地丘区、中部为平原区、北部为荒漠地带。天山山脉博格达山横穿奇台南部，阿尔泰山系的北塔山横阻北部，形成了南北高中间低的大地貌单元。

（1）南部山地丘陵

位于奇台南部的天山东段的博格达峰山脉，是本县南北气候的分界线，其海拔高度在4 356～4 500米。海拔在3 000～4 356米为高山带，终年被冰雪所覆盖，其地形地貌为冰蚀地貌，有大小冰川55条；地层主要由泥盆纪、石炭纪地层组成；优势植物种群为蒿草和苔草。在海拔

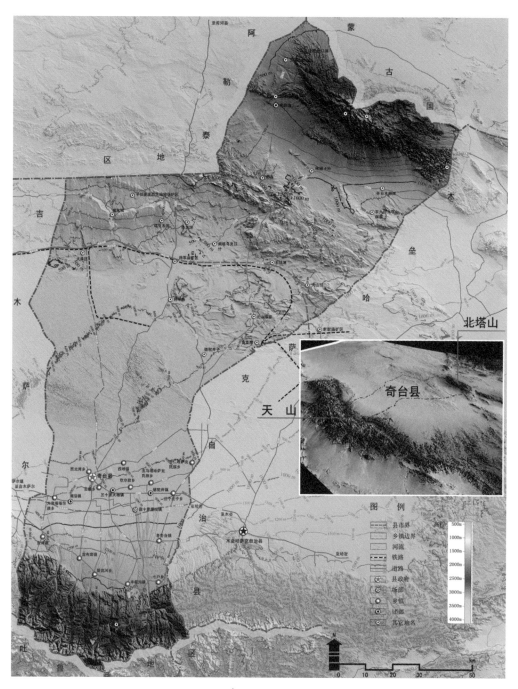

奇台地貌图

2 000～3 000米的中间带，山地森林草甸中、上线到高山区地带，山势相对高差大，河流上端坡度陡峭，岩峰林立，山坡顶部草原植被稀疏；在河谷及坡地地带，由于降水丰富，森林茂密，牧草丰盛，是西北湾乡、乔仁乡等5个乡主要的夏草场，草原植被以针茅、羊茅、蒿等为优势种，在阴坡和半阴坡地带分布着云杉、山柳、野蔷薇等。在海拔1 500～2 000米的低山带，由于风化侵蚀作用强烈，地表受剥蚀严重，岩石裂隙发育，在靠近山麓的地带有15～20米厚的黄土物质覆盖；在阴坡，植被以欧洲山杨次生林、阿尔泰山楂，以及主要由小檗、野蔷薇构成的灌木丛，是奇台县林草复合区，也是该县发展草原畜牧业的主要地区。在1 000～1 500米的前山丘陵带，地势较低，地形呈波状起伏，沟谷交织，河流切割地貌特征典型；该区气候干燥，以旱生禾草等植被为主，优势种为羊茅和针茅，另有稀疏灌丛、兔儿条、锦鸡儿等草类，是半农半牧的农牧交错带。

（2）中部平原

主要由天山山口河流洪积或冲积而成的冲积平原。该区南至南部丘陵区下部，北至古尔班通古特沙漠南部，由洪积—冲积平原和泉水溢出地带组成。该区地形开阔，起伏不大，南部地势由东南向西北倾斜，海拔高度在650～1 000米，植被主要以人工林网和农作物为主，草场植被以小半乔木、盐柴类半灌木、多汁和干燥的一年生草本植物为主，主要的优势植物有短叶假木贼、叉毛蓬等。该区农业基础设施好，农业技术先进，生产装备优良，种植业发达，作物以小麦、玉米、豆类、油菜为主，是全县粮食、油料的主要产地，是典型的地下水灌溉农业。

（3）北部沙漠戈壁区

该区东西窄、南北长，主要由砾质戈壁和流动、半流动的沙丘，以及固定沙丘组成。其中，垄状沙丘和新月形沙丘的比例较大。地势由东南向西北倾斜，海拔高度在650～1 100米，大部分地区被沙丘所覆盖，沙丘一般高3～15米，最高可达20米以上。植被主要由梭梭、麻黄、沙拐枣、沙蒿等旱生、超旱生的植物组成。由于生长的环境条件恶劣，该地区的牧场为冬、春、秋三季交错利用。

3. 地貌成就气候

准噶尔盆地地形独特，其西北为准噶尔界山，东北为阿尔泰山，南部为北天山，正处于一个略呈三角形的封闭式内陆盆地内，东西长700千米，南北宽370千米，面积38万平方千米。盆地西部有高达2 000米的山岭，多缺口。遥远的大西洋暖湿气流在西风的吹拂之下，穿过西部山口，来到准噶尔盆地。在东北部阿尔泰山和南部天山山脉的阻挡之下，暖湿气流沿天山北坡、阿尔泰山西南不断爬升，成云至雨。盆地降水总体分布呈西部多于东部，边缘多于中心，迎风坡多于背风坡。盆地冬季有稳定积雪，冬春降水量占年降水总量的30% ~ 45%。

盆地形成了中温带气候。太阳年总辐射量约565千焦耳/平方厘米，年日照时数北部约3 000小时，南部约2 850小时。盆地北部、西部年均温3 ~ 5℃，南部5 ~ 7.5℃。盆地东部为寒潮通道，冬季为中国同纬度最冷之地，1月均温为-28.7℃。10℃以上积温3 000 ~ 3 500℃，持续150 ~ 170天，无霜期除东北部为100 ~ 135天外，大部分地区多达150 ~ 170天。年均温日较差12 ~ 14℃。

盆地主要自然灾害有冻害和大风。4 ~ 5年有一次较大范围的冬麦冻害，平均10年有一次较重的果树冻害。牲畜冻害主要发生于盆地中心的冬牧场。盆地北部每年有8级以上的大风天数33 ~ 77天，西部70天以上，阿拉山口165天。由于盆地植被覆盖度较大，虽大风天数多，沙丘移动现象却较塔里木盆地少。但局部地区，如艾比湖东南沙泉子至托托，有新月形沙丘27座，大风移动沙丘，阻塞交通，危害农田。额尔齐斯河谷亦有沙丘多处，冬季风大，不能形成稳定积雪，春季作物难以生存。

就天山北坡来说，在高度2 000米以下地山坡地区，水汽丰富的暖湿气流在上升过程中，随着气温的降低，水汽凝结加速，降水量随高度的升高逐渐增加，在2 000米高度附近降水量达到最大。然而，在海拔2 000米以上的山坡地区，随着气流中水汽的逐渐减少，降水量随高度增高逐渐减少。降水主要集中在暖季，冷季降水却很少。在暖季，山区的降水占年均降水的比率高达85.9% ~ 93.7%，盆地平原地带约占63.7%。这一气候特点，使天山北坡拥有得天独厚的农业发展优势，因而形成了西北旱地绿洲农业奇观。奇台县南部山地丘陵区正好位处于这一地区，当地人因地制宜创造了奇台旱作农业系统。

奇台县平原区年平均气温5.2℃，最冷1月份平均气温-17.5℃，最热7月平均气温23.2℃，≥10℃的积温3 112.9℃，平原区年平均降水量176

毫米，北部沙漠戈壁地区小于150毫米，南部山区年降水量在500~600毫米以上。平均蒸发量2 004.3毫米，蒸降比11:1，年平均相对湿度60%，年平均无霜期156天。全年日照时数2 840~3 230小时，年平均风速2~3米/秒，年8~9级大风天数32.6天。光照充足、气温日夜温差较大，有利于农作物的生长。在小麦灌浆和成熟期，奇台地区降雨量偏少，利于蛋白质积累，故而适合优质小麦的生长。另外，奇台县也受到一些自然灾害的影响，主要气象灾害有干旱、洪水、大风、霜雹、霜冻、冻灾等。

4. 土壤空间差异大

奇台县地处欧亚大陆中心，远离海洋，属大陆性中温带干旱、半干旱气候，其气候特征是：冬夏长，春秋短暂，四季分明，年内温差变幅大，光照充足，降水稀少，蒸发强烈，相对湿度小。在西北风的作用下，沙漠前沿的农田普遍受风沙危害，北部平原和沙漠区地表水很少流入，加之降水量很少，形成比较干旱的气候，直接影响植物生长。受地形地貌、水文、土壤母质及灌溉耕作条件的影响，奇台境内的土壤呈明显的带状规律，从南部山区，洪积冲积平原农区，北部沙漠地区再到北山中山带，依次分布着山地寒漠土、草甸土、灰褐色森林土、粟钙土、棕钙土、灰漠土、盐碱土、风砂土及亚高山草甸土、暗灰森林土、山地淡粟钙土、淡棕钙土等。

耕作土壤是长期以某一种耕作方式为主而形成的人工土壤。这种土种的基本性状和肥力特征是因土种植、因土施肥、因土改良的重要依据。根据土壤的形态特征、理化形状、生产表现、障碍因素及改良利用等方面的情况，奇台县耕作土壤主要有以下几种。

（1）旱地黑土

旱地黑土是有山地黑钙土开垦而来的山旱地土壤。其表层有35~70厘米厚的黑色腐殖质土，整个土体可分为松软耕作层、不明显的犁地层、稍松的心土层及稍紧实的钙结层或黄土状的底土层。一般土层在1米以上，土质比较黏重，结构良好，疏松多孔，绵软好耕，透水蓄墒。主要分布于在平顶山、小水山、麻沟梁、火石沟等山地的阴坡阳洼。

（2）旱地栗土

旱地栗土是由山地栗钙土开垦而来的旱地土壤。其表层为栗色腐殖质土，厚30～40厘米。整个土体可分为：疏松耕作层、稍紧的犁地层、较紧实的心土层、紧实钙结层及黄土状底土层。一般土层厚度都在1.0米以上，土质结构比较好，耕层疏松，渗水和保墒力较强，养分贮量也较丰富。分布在麻沟梁、小水山、根葛儿等山地坡。

（3）旱地栗黄土

栗黄土是由淡栗钙土开垦而来的车耕地土壤，大部分为旱地，少数为水浇地，土层较厚，土质较好，表层呈浅栗黄色。土壤结构差，容重大，空隙少保墒抗旱力较弱。土体分为较疏松的耕作层、较紧实犁地层和心土层及黄土状底土层，无明显钙结层。主要分布于我县的平顶、七户、东塘、新户梁、营盘滩、碧流河、天河等地区。

（4）棕黄土

棕黄土是由棕钙土开垦后经灌溉耕种熟化而来的耕地土壤。表层为浅灰棕、浅黄棕、浅棕色。土质适中，结构较好，透水、保墒、不硬、不板。土体可分为疏松耕作层、稍紧实犁地层、心土层。稍密实钙结层和黄土状砾石底土层，通体颜色和结构比较均一、层次分化不明显。主要分布于双大门、牛王宫、半截沟、老葛根、中葛根、永丰渠、吉布库、白杨河等地区。

（5）黄土

黄土是由灰漠土开垦而来的耕地土壤，种植年限较短，熟化程度较低，表层为黄色，灌溉后形成3～7厘米厚的海绵状板结层，耕层结构较差，加上心土层空隙小而少，渗水较慢蓄墒少、保墒较差，作物容易受旱。土体可分为稍松耕作层、比较紧实的心土层、母质层。主要分布于墒户、中渠、达板河、中葛根、土圆仓、榆树沟、二畦、吉布库等地区。

（6）板干土

板干土是由碱化灰漠土开垦而来的耕地土壤。地表呈灰白色，光滑无结皮和龟裂，除生长短命植物外，其他植物很少，底层往往为沙砾石，渗水很差。土体可分为紧实耕作层、板结的心土层、紧实的底土层。主要分布于奇台县的土圆仓、坎尔孜、乔仁、五马场、团场等地区。

（7）黑潮土

黑潮土是由腐殖质草甸土和沼泽土开垦，经过长期灌溉、耕作、施肥熟化而来的耕地土壤。表层有黑灰、灰黑色腐殖质土层30~50厘米，土质比较黏厚，犁后起大块，但经冻融后易变碎，土壤结构较好，空隙多而大，渗水较快，保墒保肥力强，是下潮地的好土。土体可分为松软耕作层、紧实犁地层、稍紧实而潮湿的心土层、紧实而潮湿的底土层。主要分布于桥子、沙山子、东地、西地、坎尔孜、大泉等地区。

（8）灰潮土

灰潮土是由普通草甸土开垦，经长期灌溉耕种熟化而来的耕地土壤，养分贮量也较丰富，土壤呈浅灰、灰黄色，厚度20~40厘米，以中壤、重壤为主，结构核状、块状居多，有效养分含量较低。土体可分为比较疏松的耕作层、紧实犁地层、紧实心土层、黄土状的底土层。主要分布于柳树河子、东地、西地、坎儿孜等地区。

（9）黄潮土

黄潮土是由浅色草甸土开垦后经灌耕熟化而来的老耕地土壤，表层呈灰黄、灰棕黄色，土质以中壤、重壤为主，养分贮量较低，土质结构较好，地下水位较深，土壤温度和通透性较好，是仅次于黑潮土的好土。土体可分为稍疏松耕作层、稍紧实犁地层、紧实心土层、黄土状底土层。主要分布于西地、沙山子、小屯、八家户、坎尔孜等地区。

（10）青潮土

青潮土是由腐殖质沼泽土开垦后，经灌耕熟化而来的土壤，表层为青灰色或灰黑色有机质染色层，一般土质比较黏细、潮湿、土温低、通气性较差，土壤有机质分解缓慢，有效养分含量较低。土体可分为比较疏松耕作层、紧实板结的犁地层、黏重、紧实而潮湿的心土层、紧实而潮湿的底土层。主要分布于东地、沙山子、西地、坎尔孜等地区。

（11）灌耕黑土

灌耕黑土是由灰漠土开垦后经长期灌溉耕种和大量施用有机肥，具有熟化程度较高的老菜园子土壤，故又称菜园黑土。表层为灰黑色灌耕熟化层，养分贮量较高，但有效养分含量较低。土体可分为松软耕作层、稍紧实人工堆垫层、紧实底土层、黄土状母质层。主要分布于西北湾菜园子地区。

（12）灌耕灰土

灌耕灰土是由灌溉灰漠土或退潮黄土，经长期灌溉耕种和施肥而具有较高熟化程度的老耕地土壤。土层深厚，土壤以中壤、重壤为主，表层为黄灰、棕灰、浅灰色核状、粒状及小块状结构为主，土壤有机质和养分含量比普通灌溉灰漠土高，具有较深厚耕种熟化层，土壤疏松不板、绵软好耕，透水保墒，土壤水、肥、气、温协调，因此灌溉后无明显板结、龟裂及海绵状结皮层。土体可分为疏松耕作层、稍紧实犁地层、紧实心土层、黄土状底土层。主要分布于奇台县西湾、北湾、头屯、二屯、三屯、八家户等地区。

（13）灌淤灌耕灰土

灌淤灌耕灰土是由灌耕栗钙土和灌耕棕钙土经长期耕种、施肥而具有熟化程度较高的老耕地土壤。土层比较厚，土质中壤，表层呈棕灰、黄灰、灰色，以粒状、核状结构为主，土体质地均一，结构良好，孔隙发达，在生产上表现为绵软好耕、透水保墒。土体可分为松软耕作层、稍紧实犁地层、心土层、黄土状底土层。主要分布于七户、东塘、半截沟、营盘滩、塘坊门、根葛尔等地区。

（14）黄沙土

黄沙土是由风沙土开垦灌溉灌耕作而来的耕地土壤。通体质地均一，都为粉细沙土，颜色和层次分化不明，松散好耕，抗旱力较强，但保墒肥力较差。土体可分为松散耕作层、稍紧实心土层、紧实底土层。主要分布于沙山子、旱沟等地区。

（15）锈沙板土

锈沙板土是由潜育化风沙土开垦或由严重沙化的灌耕草甸土开垦而来的耕地土壤。有明显沼泽、草甸化特征，土体比较紧实，保水保肥力较强。主要分布于桥子、芨芨湖一带沙漠边缘和沙丘间洼地。

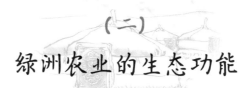

（二）
绿洲农业的生态功能

1. 旱区生物的乐土（丰富的生物多样性）

由于地形复杂，迎风坡与背风坡、垂直地带气候变化明显，形成了许多小气候类型，使奇台旱作农业系统适合多种作物的生长。当地农民根据市场需求，适时选择合适的农作物品种和调整农业种植结构，使系统内拥有丰富的农作物品种和相关生物物种。

奇台旱作农业系统是一个开放的系统，也是一个物种丰富的生态系统。旱作农业在作物种植上仍沿用传统的种植习惯，大量使用有机肥，化肥用量少，病虫草害防治以生物防治方法为主，海拔高，病虫害少，不使用农药，土壤中无地膜、重金属和农药残留污染，区域内无工矿污染企业，最大限度地保护了上山地区的原始的生态环境，为多种生物提供了良好的生存环境，维护了区域的生物多样性。

据调查，目前主要种植的农作物品种有玉米、高粱、马铃薯、向日葵、小麦、红花、红麻、白豌豆、扁豆、绿豆、鹰嘴豆、油菜、谷子、青稞、荞麦、大麦，还有各种蔬菜和瓜类。除农作物外，田间和草地上还分布有草莓、芨芨草、苜蓿、车前子等草类植物，在南部丘陵，特色林木有云杉、桦树、落叶松等多种树种。海拔2 000米以上的草原以及农作物收割以后的农地上主要饲养有细毛羊、绵羊、马、猪、鸡、黄牛和驴等。

鹰嘴豆

青稞

　　奇台旱作农业系统及其附近动植物资源极为丰富，有植物642种，动物72种。其中，野生中草药资源植物316种，常见的有贝母、车前子、大芸、枸杞、甘草、党参、肉苁蓉、大黄、麻黄、益母草、当归、锁阳、山楂、柴胡、羌活、赤芍等；主要林木品种有90种，常见的有红松、白松、桦木、杨树、榆树、杉木、苹果、杏等。主要野生动物有狍子、野猪、狼、野兔、雪鸡、野鸭、鹌鹑、雪豹、蒙古野驴、野马、鹅喉羚、紫貂、赛加羚羊、北山羊、大胡子鹫、黑雕、红狐、棕熊、草原雕、马鹿、草原斑猫等，其中国家Ⅱ类及以上级保护动物48种。

2. 防风固土的"盔甲"（水土保持功能）

（1）防风固土

　　奇台县地处北半球中纬度，属于中温带大陆性半荒漠干旱气候，夏季盛行南风，冬春季节，受蒙古—西伯利亚高压中心的控制，以西北风为主。奇台灾害性天气多为西北风，最大风力12级，年平均风速2.9米/秒。强大的风力吹蚀着地表，在降水稀少、地表裸露的地区，往往形成风蚀地貌奇观，如奇台中部地区的魔鬼城、沙漠景观。奇台旱作农业系统拥有自己独特的防风系统结构和农业种植制度。山前平原农业灌溉区，大大小小田块的田埂上皆种上了防护林，每逢冬春大风季，一条条横竖交错的防护林，减弱了大风对冬麦的吹蚀作用，对灌溉区的冬麦田起到了有效的保护作用。在风力更大的坡地雨养农业区，由于气温低，主要种植春小麦。当地农民采取种植—放牧结合的种植制度。每年春季

农田防护林（张永勋/摄）

3~4月翻地、撒播种子，8~9月小麦等农作物成熟收割，作物收割之后，农民并不翻地，而是让麦茬留在地里面，直至来年春季春耕前。这种种植业—牧业相结合的复合农业方式，春夏季节，雨水较多，作物的生长可以减少地表径流，防止水土流失；秋季留茬地，一方面是为了利用作物间隙里生长的杂草放牧，另一方面是在大风盛行的秋冬季，可以使坡地地表土壤免遭秋季节大风的吹蚀，对坡地表面土壤起到很好的保护作用。

奇台魔鬼城

　　在奇台县城北部将军戈壁西北边缘的卡拉麦里山地诺敏地带，有一雅丹地貌，是经过长期风蚀而形成的规模宏大、气势雄伟壮观的风蚀奇特景观。"魔鬼城"是地貌学上对风蚀城堡或风城的俗称。它是在产状近似水平的基岩裸露地形隆起区，由于岩性软硬不一，垂直节理发育不均，在强劲风力的长期吹蚀作用下，被分割残留的平顶山丘，远看宛如颓废的城堡、千载古城矗立在地面上。

魔鬼城

（2）固土减灾

奇台县地形地貌变化多样，地质条件较为复杂，导致地质灾害的区域分布差异明显。滑坡是奇台县境内一种重要的地质灾种。滑坡灾害主要分布于南部博格达山北坡低中山区的主沟及主沟上游支沟中下段两侧的斜坡上，海拔高程在1 400～2 500米，分布有滑坡和潜在滑坡30余处。较集中的分布于吉布库沟、达坂河沟、烧房沟、半截沟、大沟中上段针叶林带以下区域。发生滑坡的地区均为黄土状的土体，滑坡一般为中—浅层滑坡。滑坡不仅大面积破坏草场和林木植被，造成大量水土流失，导致生态环境的改变，还严重威胁滑坡附近牧民的生命财产安全，摧毁牧民居民点的住房和畜圈，埋没草垛，造成人员伤亡和牲畜死亡。旱作农作物的种植可以增加土壤的黏合力，起到加固土壤的作用，从而有效降低黄土状土壤区的滑坡发生率。

坡上麦田固土减灾

3. 润泽生灵的加湿器（调节气候）

奇台旱作农业系统被干旱的荒漠气候所包围，处在风沙、干旱等恶劣的气候环境笼罩之下。但是作为一种出现在干旱荒漠背景上独特的生态系统，它对这种干旱的气候在气温、降水和气流运动方面皆具有稳定的调节作用。农作物对太阳光的吸收率和反射率不同于裸露的地表，农作物增加了地表对空气流动的摩擦力，农作物的蒸腾作用增加了空气湿度等，使得旱作农业区的温度低于外围沙漠的温度。反过来，温度的降低，又使植物的蒸腾作用减弱，降低了水分的蒸散，节约了水资源。同时，农田生态系统产生的不同于周围地表的热力和动动效应（如大气温度变化、大气的垂直流动和水平流动），容易在这个地区诱发大气的较大规模的对流运动，十分有利于该地区降水的产生，使该地阴雨天气增加。据研究，旱作农业区的中心位置降水量比周围地区的降水量可增加1.19毫米/年，蒸发减少的幅度可达2.28毫米/年。

4. 元素轮回的引擎（养分循环）

（1）农牧业结合的复合农业

奇台旱作农业系统其实是一种较典型的循环农业，农民巧妙地将种植业与畜牧业相结合，使农作物的各个部分得到了充分的利用。例如，秋季，小麦收割后，小麦被加工成面粉，或供农民直接用于制作各种类型的日常食物，或被作为原料加工成副食品。小麦麸则被作为营养丰富的饲料，用于养猪。而田间的小麦秸秆则被打包成各种形状的秸秆捆，运往工厂，加工成饲料，用于养殖牛羊等。这些牲畜的粪便被熟化后，又被农民作为肥料施入农田，使营养元素重新回归到农田里。除此以外，由于作物间生长的各种杂草是营养丰富的牧草，在秋收之后，农民还把留茬地作为放牧的场所。一群群的牛羊在田间啃着青草，同时也排放大量的粪便到田间，这些畜粪作为肥料，连同作物的残茬在第二年春季被翻耕到土壤里，增加了土壤的有机质，提高了土壤的肥力。这种循环使作物中的营养元素得到了充分的利用。

（2）秸秆—沼气式的生态循环农业

奇台地广人稀，人均耕地面积大，种植业与牧业结合的特点，使奇台具有发展沼气产业的优势条件。"秸秆青贮—养殖—粪便—沼气—沼液沼渣有机肥—绿色农业"的生态循环发展模式，成为奇台生态循环农业一大特色。用沼气代替薪柴、秸秆、煤炭等燃料，改变了农村传统的能源结构。这种模式不仅节约了生活成本，提高了生活质量，还使环境中的营养元素得到了循环利用，既减少了温室气体的排放，改善了地区生态环境的质量，而且还带动了当地蔬菜种植的发展。

奇台特色生态循环农业

近些年，奇台县以农村能源结构调整和新能源建设为重要抓手，大力发展生态循环农业，推进生态农业与农村新能源示范县项目建设，努力把农村建设成环境优美、村容整洁，农民安居乐业的美丽家园。按照"政府引导、多方投入，以奖代补"的建设原则，该项目共投资1 003万元，重点建设生态循环农业示范基地、农村太阳能综合利用和优质农产品生产基地。目前，奇台县已累计建设户用沼气池3 000余户，大型沼气工程3处，沼气服务网点30处，并对沼气用户实行"全托式"服务。

奇台县在全区首创的沼液沼渣灌溉系统开启了沼液沼渣循环利用的新模式。沼液沼渣经该系统的发酵过滤等处理后，通过PVC管道、渠道和运输车等方式直接输送至果蔬基地。这种新模式不仅提高了蔬菜的产量和品质，而且还起到了抗虫杀菌的作用，除了节省的沼液运输费用外，一个大棚一年单是节省的肥料费和农药费就达3 000余元。

用沼气代替薪柴、秸秆、煤炭等燃料，彻底改变了奇台县农村传统的能源结构。据估算，全县每年可节约标煤0.5万吨或柴草1.25万立方米，减排二氧化碳等温室气体1.8万吨。示范基地内"沼气、沼渣、沼液"的综合利用，可提高农产品产量20%以上，直接增加经济效益150万元。

融合文化 西域风情

四

新疆奇台旱作农业系统

（一）
源远流长的农耕历史

　　奇台历史悠久，文化灿烂辉煌。第三次全国文物普查结果显示，这里有距今4 000年的平顶居住遗址、宋家梁居住遗址、天涝坝梁居住遗址等，证明早期原始村落已有农业活动。4 000多年风云变幻与朝代更替，留给了它一部积淀的厚重历史。作为一个边陲重镇，它和所有的边境城堡一样，不断经受连绵不休的战火洗礼，留下血迹斑斑的残酷的战争史实。奇台地处西北边塞，坐落于准噶尔大沙漠南缘与天山北麓坡面狭长的通道上，其重要的历史地位缘于古丝绸之路的开通和发展。它"山通南北套，地接上中台"，不仅是一个军事重镇，而且曾一度成为古丝绸之路上的著名商埠，是西域历史上仅有的几个重要名城之一。地域辽阔，土地肥沃，汉、唐开始屯田，悠久的农业发展历史，六畜兴旺，五谷丰登，称得上塞外的富庶之地。因此，奇台对祖国西部边疆的建设与发展曾做出过不朽的贡献。

平顶居住遗址

宋家梁居住遗址

天涝坝梁居住遗址

1. 史前时期

　　早在新石器时代，奇台县就已有原始村落。据1974年8月和2012年在半截沟镇的考古发现，在半截沟镇的东南550米处的一个南北向的土梁上，出土许多陶片和一些石器。石器的种类有长方形石斧、石锄、石刀、石锤、石杵、小石臼、小石杵、石环、石球、石碗、石纺轮，以及粗质陶片若干、彩陶片50余片。这些遗物表明，那时已经有了原始的农业。据考古资料记载，曾有周代的青铜斧、东周至汉代的平顶居住遗址、宋家梁居住遗址、七户墓地、大西沟墓地、细壶腰子岩画等文物和遗址在奇台县七户乡出土，证明早在周代奇台已有人类在此居住，这意味着那时奇台县已有农业活动。

石斧

石锄

石刀

石碗

石锅

石纺轮

2. 秦汉至明代期间

奇台县农业生产历史十分悠久，因气候相对湿润，在汉代时农业就已有一定的规模。因地处内陆，气候比较干旱，该地区只适合发展旱作农业，主要种植的作物为小麦、豌豆等。奇台县因地处边关，是重要军队驻扎之地，因此，此地农业的规模化发展源于军队屯田，即戍守边关的将士和平时期在此开垦种地，自给自足。

西汉初年，南北匈奴各部并立为三十六国，汉武帝元狩四年（前119年），张骞出使西域，各部落开始与汉往来。到汉武帝元封六年（前105年），汉武帝再次派遣使臣到西域诸国交流，当时，西域诸部落中较大的有两个，天山南路为楼兰，天山北路为车师，奇台地区便辖属车师后部，属北匈奴的部族。汉宣帝地节二年（前68年），西汉将领郑吉攻破车师国，车师国王臣服于西汉。郑吉留下官兵数十人，保护车师国王，再派遣官兵300人在此屯田。汉宣帝神爵二年（前60年），郑吉再次率兵来到西域，亲临车师，北匈奴日逐王先贤掸，率数万骑军队归服西汉，被西汉封为归德侯，西汉于是在新疆地区设西域都护府，迁徙军队到此屯田，西汉的号令从那时开始颁行到西域之地。由此，大汉朝的行政统辖权正式在西域确立，西域正式成为中国版图不可分割的一部分。古奇台作为当时西域车师后国辖地，除了各游牧部落耕牧生息外，在2000年前已开始了汉民从事农耕拓荒的早期开发。至此，军屯农业使奇台旱作农业有了快速的发展。西汉后期至东汉初期的西域北匈奴车师后国，已筑建金蒲城作为天山北麓耕牧的集散中心。

车师国都城交河城

随着时间的流逝，山河依旧，然人世巨变。西汉末年至东汉初年，由于汉朝内部势力的斗争，使国力大大削弱，无暇顾及边疆地区，西域匈奴各部族趁机南迁，进入天山南北，经常袭扰占领天山南北水草丰茂的草原地带，令大汉在西域的领地不断压缩，政权受到威胁。东汉初期，在政权逐渐稳定后，开始派遣军队收复西域领地。公元74年，东汉明帝于永平十七年，派遣奉车都尉窦固和驸马都尉耿秉前往西域征讨北山匈奴，在蒲类海（奇台县半截沟镇出土的汉代巴里坤湖）战胜北山匈奴部落。进入车师后国，重新设立西域都护府，任命陆睦为第二任西域都护，任耿恭为戊校尉，屯兵在车师后国的金蒲城，后来为便于抵御北匈奴的进攻，移兵疏勒城。

东汉疏勒城位于奇台县半截沟镇江布拉克景区内，是与楼兰具有同等地位的西域古城。据考古发现，此城依山形而建，南北宽138米，东西长194米，城墙残高1米多，北、西城墙建在"梁"（一种地貌）上，东墙较低。城中偏西南有一圆形凹地，直径5米，该城东邻悬崖石壁，北面是陡峭的坡地，南面地形虽低但坡度较大，南端残留墙迹有两块圆形巨石，河谷深约几十米，地面露出岩石。整个城堡居高临下，易守难攻，是古代军事要地。城内出土的文物有云纹内席纹青灰陶大板瓦、筒瓦、实心砖、黑灰陶钵、陶瓮、陶盆，屋形图案青灰陶等数十件，其器形、色别、花纹、质量、选料等均具汉代风格。

疏勒城址

耿恭与疏勒城

　　说起疏勒城，不得不说西汉"节过苏武"的忠勇将士——耿恭。耿恭（字伯宗）为扶风茂陵（今陕西兴平东北）人，是东汉开国名将耿弇弟弟耿广的儿子。耿恭为人慷慨、足智多谋略，成年后入伍，后在骑都尉刘张带领的部队中任职。永平十七年（74年），东汉明帝任命奉车都尉窦固为主将，任驸马都尉耿秉和骑都尉刘张为副将，率精锐之师一万四千人，清剿北匈奴在天山以北的残余部队，并攻打匈奴在西域的爪牙——车师国。耿恭在骑都尉刘张担任司马一职。最终大军降服车师前后二国，收复西域失地，朝廷在西域设置西域都护府和戊己校尉两大机构，同时将大部队撤回关内，仅留下四千余人，分驻各地，以御匈奴再次侵袭。耿恭受任命为戊校尉，率数百屯田部队，驻扎在车师后国金蒲城（今新疆奇台西北），扼天山通往北匈奴的咽喉，防止北匈奴入侵西域北道，此处也是北匈奴最可能进攻之地，耿恭仅数百士兵，把守着最危险的战略要地。耿恭自知自己这点兵力根本难以据守这个要塞，便使用与以乌孙国为首的西域各国互通使节结成友好关系的政治策略。耿恭到达任所后，首先送文书到乌孙国，以显示东汉朝廷的威武强大和恩惠天下的大国气度，乌孙国上下一片欢喜，派使者向东汉朝廷进贡名马，并愿意派乌孙王子入朝侍奉。耿恭也派使者赠送金子、织物，迎接乌孙王子入朝侍奉。至此，耿恭贯通了天山地带，使整个西域全面统一。

　　然而，好景不长，因为西域对于匈奴太过重要，西域统一时间不长，北匈奴便杀将回来。公元75年，2月窦固、耿秉奉诏率大军从西域回朝，3月北匈奴两万大军便越过准噶尔盆地，一路杀到车师后国国都务涂谷城（今吉木萨尔县城北的北庭古城），车师后国国王自知两三千军队，难以抵御北匈奴大军，急向耿恭求救，耿恭虽自身兵力不足，但是为表大汉与西域各国处同一战线，派三百精锐援兵与车师后国一同抗敌，等待东汉大军救援。三百汉军英勇顽强，令车师后国十分感动，坚定了倚城与北匈奴战斗到底的信心。然而，终因寡不敌众三百勇士全部战死，车师后国也被攻破灭亡。随后，北匈奴大军主力向北进攻耿恭的守城金蒲城。耿恭明白金蒲城危如累卵，但为涨汉军士气，自信满满地立于城头，面不改色，若无其事。同时，将事先准备好的毒箭（将神经性毒药投于箭头之上）发给弓箭手，待敌军靠近，命将士瞄准匈奴大军，中矢的匈奴士兵，疼痛难忍，顿时战场哀号遍野，沉重地打击了匈奴军嚣张气焰，北匈奴军只得撤退驻扎。

汉军数量太少，耿恭明白，危机只是暂时解除，北匈奴军很快会再杀回来。金蒲城虽地扼咽喉，但是由于地势低平，水源匮乏，难以久守。于是，趁机撤退到一个面积不大，两面临绝壁，一面临陡坡，东面有一条常年水量丰富流入城中的麻沟流，十分适合长期驻守的城市，名叫疏勒城。转移到疏勒城后，耿恭立即储备粮草，整修军械，加固城防，以备长期抵抗北匈奴军的进攻。果然不出所料，两个月以后，北匈奴军卷土重来，单于亲自率军再次攻打耿恭。耿恭倚仗这坐小城池，巧用军事计谋，与敌军奋勇斗争。北匈奴军久攻疏勒城不下，单于心生毒计，命士兵到麻沟河上流筑坝拦水，切断疏勒城的水源。时值夏秋之交，降雨稀少，耿恭军很快无水可饮。为解决引水，耿恭命将士四处挖井取水，挖了半个月，掘井数口，最深的井有十五丈，也没有挖出水来。将士们口渴难忍，耿恭却无可奈何，仰天长叹，曰"昔苏武困于北海，犹能奋节，况恭拥兵近道而不蒙佑哉？闻贰师将军拔佩刀以刺山，而飞泉涌出，今汉神明，岂有当穷者乎？"于是整理衣服，向井跪拜，为将士祷求水源。不一会儿，泉水从井中奔涌而出，将士们喜出望外，高呼万岁。这就是著名的典故"耿恭拜井"。北匈奴看到围困无果，遂撤军。

虽然北匈奴没有攻打耿恭，但是攻打其他弱势力，从未停歇，西域形势此时已急转直下。耿恭曾派人到长安班救兵，不巧的是当时的皇帝汉明帝，因身患重病，无药可医而驾崩。按照汉制，国丧期间不可发兵，加之权力交接之时，国事繁忙，没有发兵增援耿恭。耿恭在孤立无援之下，不久再次遭到北匈奴的围困。敌军打算把耿恭饿死在疏勒城中。耿恭率众节衣缩食，吃完了粮食，吃树皮草根，吃完了树皮草根，再吃铠甲弓弩上的皮革，从夏天到冬季，一连坚持了数月，一个个的士兵在身边饿死或冻死。单于对于耿恭的坚忍不拔十分敬佩，他知道耿恭此时已经陷入绝境之中，一定无法支撑多久了，这等勇士，杀之可惜！单于心中惜才，便派使节进入疏勒城，以金钱美女和高官劝降耿恭。耿恭杀死来使，烤食其肉，以示坚贞不屈之心。

公元76年正月，东汉朝廷派7 000将士到达西域，先后对天山以南的关宠和疏勒城的耿恭的部队展开救援。耿恭率部队在疏勒城坚持了200天，有力阻挡了匈奴数万大军的进攻，最后，耿恭及其部下26人被援军救出，途中又亡13人，到达玉门关时只剩下了13人。耿恭的忠勇为后人敬仰，疏勒城也因耿恭而闻名于世。

耿恭

东汉末年，动乱四处，军阀割据不断，西域突厥族各游牧部落进入天山南北。三国时期，魏黄初二年（221年），中原与西域重新建立往来，在西域设置长史、戊己校尉，将西域分为20道，奇台仍然属于车师后国。东晋元兴元年（402年），柔然部落的首领社仑打败匈奴遗种日拔也鸡，占领西域东部地区，此时奇台县境隶属柔然部落。北魏太和十一年（487）年，高车国的副伏罗部落发动起义，反抗柔然部，并将其本部向西迁到今奇台等东部天山北麓一带。北魏永平元年（508年），嚈哒取代了高车统治奇台等地。西魏废帝元年（552年），突厥兴起，奇台县境又归其领辖。

到了公元7世纪初叶，唐朝统一全国后，汉代北匈奴车师后国地区已为东突厥之游牧部族所有。唐武德九年（626年）秋，太宗与东突厥结盟和好，但东突厥国内发生兵乱，9个不同姓氏的家族，在漠北起兵造反。贞观三年（629年），唐太宗李世民命李靖为大军统帅，率领部队北伐东突厥，东突厥兵败，其突利可汗向唐朝投降。第二年夏，唐任命凉州都督李大亮为西北道安抚大使，招抚逃亡流窜在西域的西突厥部落。

李靖

平定东突厥之乱以后，唐朝就开始了对西部边疆的统一行政建置的规划。唐太宗派遣多路行军总管，由西海道行军总管李靖统一调遣，征讨西域各国。直到唐贞观十三年（639年），西域22国均向唐朝臣服。第二年，朝廷立即在汉车师后国金蒲城西北的方圆百里的沃野地带筑城堡，设置蒲类县（奇台县城北郊），隶属庭州所辖。

唐永徽二年（651年）七月，西突厥阿史那贺鲁攻陷金蒲城、蒲类

县。唐显庆三年（658年），唐收复失地，重新设置庭州、蒲类县。唐
龙朔二年至三年初（662—663年），在庭州设立金山都护府，蒲类县归
其管辖。武周长安二年（702年），在庭州置北庭都护府，蒲类县又归北
庭都护府管辖。唐开元年间（713—741年），唐朝在今老奇台附近设独
山守捉城，至乾元三年（766年），独山守捉城被吐蕃攻陷。唐开成四
年（840年），漠北的回鹘族向西迁至奇台境后，占领北庭都护府。宋咸
平六年（1003年），辽在别失八里东部（今老奇台镇附近）修筑可敦城。
第二年，又以此城为镇州的军事驻地。

到10世纪初，唐朝衰落，五代十国兴起，契丹族酋长耶律阿保机在
西域建立辽国，打败突厥，建立西辽，统一西域的各个部落。北庭地区
的回鹘部族成为辽国的进贡国，因此，奇台地区在五代、北宋、金、辽
各朝，共有长达300年的历史时期，一直处于西辽的辖领之下。

耶律阿保机

　　直到13世纪初叶，蒙古族强大起来，成吉思汗领兵西进，统治西域，曾亲自到北庭地区的独山城，并将庭州、蒲类、金满城、疏勒城（今奇台半截沟石城子）等地一起称为"别失八里"（蒙古语，即"北庭五城"的意思），奇台又归属元朝的管辖之下。

成吉思汗

　　在元朝统治时期，奇台曾是重要的军政要地。元世祖中统二年（1251—1261年）的10年间，曾在别失八里设立"行尚书省"（按元朝立国后的行政体制，"尚书省"是朝廷军政大事的决策部门，"行尚书省"就是中枢尚书省的派出机构）以统理天山南北的军政事务。元世祖至元三年（1266年），元世祖忽必烈撤销"别失八里行尚书省"后，改置"别失八里局"，派遣直系皇族后裔在别失八里驻守，执行军事镇守与屯戍实边的重任，由此，大量蒙古族吏卒与牧民徙入别失八里地区。元世祖忽必烈迁都北京后，至元十五年（1278年）复派员，授虎符，执掌别失八里军站事宜。3年后，又从太和岭（今山西雁门北）到别失八里设30个军运驿站，并在别失八里先后建设织造厂、冶炼场，设立大使一员（官位为"六品"），开发手工作坊，编织贡品锦衣，鼓铸兵器农具；另外，还命万户綦公直率领南人汉军戍守别失八里，北庭都护府亦升三品，作为当时畏兀尔境内断事官府。

在元世祖忽必烈统治的至元十八至二十二年（1281—1285年）的5年间，元朝更加快了开发步伐。先升任綦公直为辅国上将军，都元帅、宣慰使，坐镇别失八里北庭五城，以钞万锭为市，拓展别失八里的商贸，接着又设置别失八里站赤，增置马、牛、驴、羊，以辖理天山北路政务。后又派李进为怀远大将军，佩虎符，在别失八里屯田，在都元帅府的统管下，很快就派来新附军1 400人（蒙军），会同值戍的汉军，一起在别失八里屯田。到了元成宗元贞元年（1295年），设立北庭都元帅府，并派遣朝中平章政事合伯为都元帅，佩虎符，接理天山北路。经过元朝近百年的开拓经略，包括蒲类在内的别失八里，已具备了军政及屯垦的完备体制，成为了13世纪后期与14世纪初期的天山北路政治、经济、军事的中心。

忽必烈

1368年，明朝建立，西域众多部族战乱纷争不休。明太祖朱元璋于洪武十三年（1380年），派都督濮英领兵进入西域，以哈梅（今哈密）里为立足点，开展了宣慰招抚活动。哈梅里王兀纳失里（元朝分封于伊州之贵族

后裔）归服明朝，遣使进贡纳赋。别失八里东边的察合台汗国汗王黑的
火者亦遣其千户、百户要员到长安朝贡。15世纪之初，明成祖朱棣迁都北
京，设置甘肃总兵官，管辖理哈密、别失八里等西域各部族汗国事务。明
成祖永乐二年（1404年），明成祖册封哈密新嗣王位之安克帖木耳为忠顺
王，别失八里的东察合台汗国新嗣汗王沙米查丁向明朝朝廷进贡臣服。西
域漠北诸部族汗国均以明朝为宗主，西域疆土皆入明朝统一版图。

15世纪之初期，西蒙古厄鲁特部的瓦拉部族，进入别失八里滋扰掳
掠。东察合台汗国新嗣汗王歪思，率领众人与瓦拉部族多次交战，均失
败。明永乐16年（1418年），歪思汗王于退出别失八里，举族向西迁到
伊犁河谷地带。瓦拉部族长期游牧于北庭地区此，瓦拉部族的入侵和骚
扰，使已有700多年农业历史的古奇台衰落、荒芜，最终导致返荒退化，
使这古城湮没在沙碛、黄土、荒草中，在明代后期到清代中期的350余
年间，庭州、蒲类的建置，已不复存在。

3. 清代及其以后

清乾隆二十一年（1756年），清政府开始在天山以北水肥土沃的地方
屯田，奇台县是重要的屯田之地，垦田面积达1.2万亩，种植的作物主要有
小麦和豌豆。由于农业发展迅速，人口较多，乾隆三十八年（1773年），设
奇台县，隶巴里坤镇西府（后于咸丰三年改由迪化直隶州辖）。乾隆四十
年（1775年），招募安插户民1 994户，共6 284人，垦地面积达7.35万亩。同
治三年（1864年），全县已发展到"四乡田野，村庄相望，田角轮歇，岁有
余粮，最为富庶"。后因局势生变，瘟疫四起，奇台的移民屯垦几乎废弃。
直到同治十年（1871年）屯垦恢复到6 600多亩，并开始兴修水利，加强农
业基础设施建设。光绪二十一年（1895年），奇台镇人口大量增长，手工业
迅速发展，贸易繁荣，各路商贾云集古城，当时流传着一句顺口溜："要挣
白银子，走趟古城子"。至光绪末年，城内有各种庙宇26座，最大的为凤翔
庙。各省的地方会馆和同乡会达50多处，其中陕西会馆、直隶会馆影响最
大，镇内还有官学3所、义学7所、初等专科学校1所。光绪三十四年（1908
年），奇台共有垦熟地18.78万亩，内地农业技术大量传入，奇台农业发达，
粮食富足，成为内地大批逃难人避难之所，人口因此大增。

民国时期，奇台县开垦农业继续发展，县公署设科主管农、林、
牧、水各业。民国5年（1916年）起，招垦农户作为知事政绩的一项指
标的政策制定，奇台农业又得到进一步发展。

民国初期，奇台镇的手工业迅速发展，各行各业多成立各自的同业会，还出现"通司"，承担业务交往中的语言、文字翻译工作。当时，沿穿城而过的皇渠两岸，是造纸业、酿造业和食品加工业的基地，酿酒户已达20多家。服务行业也十分兴隆，有"合丰轩""鸿春园""会丰轩""上三元"四大饭馆和众多的小客店、车马店。"天元成"是当时镇内资金雄厚的最大商号，在全疆有5个分号，有店员50多人。"天元成"直接从张家口运京津百货到奇台，再批发到各地，并将在各地收购的土特产运销内地。民国28年（1939年），县政府始设建设科管理农田水利事项，奇台县的旱作农业面积达2.25万亩，种植的作物有小麦、青稞、玉米、糜谷、胡麻、油菜等农作物。

新中国成立后，土地改革解放了生产力，农业生产迅速恢复和发展。农业合作化运动、农业技术的推广，1957年全县耕地开垦面积达68.53万亩，粮食产量比成立之初增加了79.7%。1958年后，人民公社化导致开垦草场种粮现象盛行，"三铧一耪"的粗放经营使耕地面积迅速扩大，然而粮食产量有减无增。1960年后，"浮夸风""共产风"得到扼制，水利建设、农业机械化推广，良种选育和化肥使用，在耕地面积没有增加的情况下，粮食产量突破亿斤*。"文革"期间农业生产受到破坏。改革开放后，经营体制的变化，农业结构调整，作物种植多样化，农业科技普及，科学种田，农业产量大幅提升，奇台旱作农业出现了全新的局面。

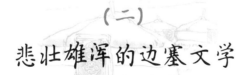

（二）
悲壮雄浑的边塞文学

因地处边疆，奇台地区曾在历史上相当长的时期里处于汉民族与西北少数民族国家的分界线，是极为重要的隘口和军事的战略要地，因此留下了许多古代与近现代将军和文人骚客感物抒怀的诗词歌赋。

---

* 斤为非法定计量单位，1斤=500克。——编者注

夕次蒲类津

［唐］骆宾王

二庭归望断，万里客心愁。山路犹南属，河源自北流。晚风连朔气，新月照边秋。灶火通军壁，烽烟上戍楼。龙庭但苦战，燕颔会封侯。莫作兰山下，空令汉国羞。

古城逢立春

［清］洪亮吉

短辕车逐短衣人，万里来寻塞上春。

识路未应呼老马，岐涂先已泣孤臣。

云边一笛惊残梦，天外三山伴此生。

肯把障泥容易浣，就中犹有帝京尘。

廿九日发古城巡抚伊江阿大令阮曙并马送至水磨阁茶话乃别

［清］洪亮吉

出城闻泉声，到阁复数里。逶迤冈四面，云向水中起。蒙蒙萍藻绿，水鸟浴未已。曲处响始奔，惊流出潭底。人栽沙果好，都入北窗里。板屋止两层，高瞻忽迢递。殷勤相送客，门外尚余几。挥马去不停，林长久延企。

古城

［清］李銮宣

天地留残火，山河空劫尘。

废兴无岁月，板筑有遗民。

莽莽轮台路，茫茫塞草春。

夕阳城一角，且复驻征轮。

由奇台县至东城口

[清] 李銮宣

天山如连鳌，势压坤轴断。初阳射其巅，云与雪争烂。猎猎罡风吹，玉绳亘天半。山脚石骨苍，山腰岚气变。阴晴倏显晦，光景异昏旦。连延数千里，绝塞恢壮观。有客赋东归，晓过奇台县。溥原麦气浮，坤垠炊烟散。野泉分浊沴，草树杂葱蒨。征车似雁行，蓦岗复涉涧。生还岂偶然，年光逐飞电。祁连高巍巍，横挂一匹炼。

古城

[清] 史善长

四冲当要路，千古寄专城。

缓缉资良吏，韬钤握重兵。

雪迷前马迹，春尽暮笳声。

霹雳晴天动，弓开虎豹惊。

奇台

[清] 史善长

远树千堆合，平沙万井开。

山通南北套，地接上中台。

日月明驼走，风生驿骑来。

紫狐求不易，高阁且徘徊。

注：有高阁可望远。

奇台山

[清] 宋伯鲁

北风一夜凉如水，奇台山中雪没趾。阴霾刷尽万峰明，展放银屏五百里。奇民嗜利不知田，手种罂粟年复年。一朝拔本丧其利，万户萧然皆磬悬。天寒岁暮风凛冽，壮者四出为剽窃。一罹法网那可逃，敲朴能令筋骨折。朝廷自是行仁政，奉行无乃太操切。我愿南山民，舍旧图新从籽耘。又愿奇台官，劝耕劝种休偷安。使有菽粟如水火，而不仁者诛之可。

古城道中

[清] 裴景福

日纪星周不暂停，天旋地转走云辐。

沙围金满连硝白，山到渠犁带雪青。

宛马旅撰思驾驭，纥花回草亦芳馨。

从今省识西来意，肯向黎？乞佛经。

古城登车见日出

[清] 裴景福

穷荒开晦塞，万象忽光明。

离照乾为用，阳和地始生。

缤纷添瑞珥，芒角敛长庚。

能使群阴退，还须剂雨情。

绝命诗

[清] 保恒

塞上风云起，军中将士忙。

援兵晚不至，城内又乏粮。

死守兼旬久，日月惨无光。

大堂置药篓，一轰全家亡。

注：清同治初年（1863年），天山北路乌鲁木齐至奇台一线，各地农民起义，势不可挡，史称"同治之乱"。同治三年初，奇台所属古城被围。三月，古城陷，清官兵千余人殉难。古城领队大臣保恒率全家妇幼于中堂放置炸药，书此绝命诗后，同时举家自焚身亡。

古城被围月余，孤守无援，弹尽粮绝。保恒二子锡镇、锡纶受命驰赴巴里坤、哈密求援，因而脱险。同治之乱平定后，仅锡纶生还，此绝命诗原件得以保存。作为家传遗诗，现尚珍藏于锡纶之孙博大诚家中。博大诚老人为奇台县广播电视局退休干部，在昌吉市颐养天年。

奇台

〔清〕萧雄

西经谷壑出平芜，

城倚阴山俯壮图。

隔浦沙陀余故垒，

月明风冷夜吹芦。

原注：奇台县置汉车师后国地，在蒲类海西。今县城南近天山，四郊平坦，北望遥天。一抹荒草芊绵者沙陀故国也。旧称富庶之区，山北州县，推为第一，俗有"金奇台""银绥来"之说。

古战场

〔清〕萧雄

万古同哀野甸凉，

黄沙和骨接天长。

不知多少忠魂哭，

看尽干戈又几场。

原注：古城北境之沙陀国地，其为白骨甸，即古战场。旷野不沙，宽将二百里之远。

奇台县道中

王子钝

老马识途鸣，前行认古城。

炊烟横朔气，落日起边声。

风物因人异，黔黎杂市盈。

且寻茅店卧，破晓再长征。

宿将军戈壁

［民国］佚名

银风凄凄明月光，

马叫驼鸣悲断肠。

沙漠原为无人地，

只留将士在此忙。

原注：奇台北将军戈壁有独屋，不知何代有将军率兵北征，至此无水，进退两难存壶水，将军不忍独饮，命众兵士以舌舔之，水绝，兵将俱陨。民筑庙，记其功，今犹存断墙残壁，望之清晰。在此缺水之地，筑庙困难诸多，昔日民众有此善举，可谓完，辈之不畏艰难矣。

（三）
丰富多彩的节庆与民俗

1. 节庆文化

奇台还有不少与农业相关的传统节日，如每年腊月三十晚上，各家各户都做各式各样的饭菜，每一个人都要吃得很饱，当地叫"装仓"，意思是今晚吃饱肚子，来年就会粮食满仓；与汉族大年夜吃饺子不同，奇台哈萨克族主要吃手抓肉。正月十五，每个村子都会"耍龙"，希望当年雨水充足，有个好收成；闹社火祈求来年祈求风调雨顺，五谷丰登。正月二十，各家都烙油饼祭灶神，乞求一年食物充足。另外，雨养农业区还有与自己的农事相关的节日。每年开春，奇台县南部山区的农民都要举办传统的开犁仪式，开始山区耕种生产。雨养农业核心区七户乡每年举办"开犁节"，仪式上有舞狮子、扭秧歌、唱地方戏、跳麦西来甫等娱乐活动，最后用"二牛抬杠"的耕作开始春耕的第一犁；每年6月底到7月初，在油菜花盛开季节，七户乡还会举办油菜花节以示庆祝。奇台县塔塔尔族每年都举行撒班节，亦称"犁头节"（是塔塔尔族特有的民间节日），每年春耕农忙结束后举行，会选择风景优美的地方，相互聚会、祝贺，开展歌舞、摔跤、拔河、赛马和"赛跳跑"（每个参加者将一个鸡蛋放在勺中衔于口内，鸡蛋不能落地，最先跑到者胜）等集体活动。

开犁节

油菜花节

塔塔尔族撒班节

奇台县塔塔尔乡是全国唯一以塔塔尔族为主体的民族乡，塔塔尔族是我国人口较少的民族，奇台境内现有塔塔尔族1 450人，生计方式以农耕和放牧为主。"撒班节"是塔塔尔族的传统农事节日，也是塔塔尔族民俗的重要组成部分。

塔塔尔人由从事畜牧业逐步转变为从事种植业之后，他们将原来以铁锹、坎土曼、镢头等工具翻地种植作物的生产方式，改为以"犁铧"为工具耕种作物的生产方式。塔塔尔人为了庆祝发明创造"犁铧"这一先进的生产工具，纪念这个塔塔尔劳动人民智慧的结晶，特地用犁铧的塔塔尔语读音"撒班"来称谓这种庆祝活动，久而久之这种庆祝活动演变为塔塔尔族的传统节日，因此"撒班节"也可以说就是"犁铧节"。"撒班节"是全民参与的节日，在每年公历6月20～25日举行，场地不固定，活动过程中无特殊禁忌。

　　塔塔尔族是跨国界民族，在新疆周边邻国有分布。"撒班节"活动不带任何宗教色彩，是塔塔尔族传统文化的百科全书，也是塔塔尔族文化的集中体现，保留了较完整的塔塔尔族习俗，如饮食、服饰、竞技、音乐、舞蹈、手工艺、文化活动等方面有着鲜明的塔塔尔族特色。岁时节令是重要的非物质文化遗产，具有较高的历史和文化价值。从学术上来说，"撒班节"对民俗学、人文学和社会学都有着重要的意义和价值，应当得到保护和传承。

撒班节

2. 民俗文化

　　悠久的农业发展历史，使奇台旱作农业系统形成了许多地方特色的农业文化。奇台县雨养农业收成好坏主要看降水多不多，降水时节对不对，完全依靠天时，因此人们对龙王无比崇拜，龙王庙在各村镇随处可见。当气候特别干旱的年份，村长将村民组织起来祭拜龙王求雨。全村农民共同出资购买祭品，到龙王庙前宰杀牛羊求神，保佑风调雨顺。为了减少浪费，祭拜完毕，村民一起将祭品烹煮吃掉。牛王庙在奇台县也是很常见的庙宇类型。对于耕地面积广阔的奇台人来说，牛是创造财富的最重要工具。因此，当地农民认为丰收主要得益于农神——牛王神的保佑，对牛王神十分崇拜，于是不少村子里都修建了牛王庙，每逢农历四月初八、六月初六、八月十五都要在牛王庙举行盛大的祭祀活动和庙会，祈求年年能获得好收成。

过去，人们的文化水平低，习俗文化传播的形式也主要是口传心授，很少用较正式的文字记载下来传承。歌谣便是口传心授最常见、最有效的方式。奇台县流传着许多这样的歌谣，很形象生动地反映了当地的民俗习惯。

> 月婆婆，黄澄澄，
>
> 八月十五来我家，
>
> 又有月饼又有瓜，
>
> 随你挑来随你拿。

这则曾流传于老奇台镇一带的民谣，蕴含着丰富的民俗文化信息，反映了八月十五晚上献月"偷瓜"的风俗。

> 正月正，闹新春，秧歌社火走出门。
>
> 二月二，龙抬头，剃头挑子到门口。
>
> 三月三，换单衫，姑娘河边洗衣衫。
>
> 四月八，乱点瓜，麦子遮住黑老鸹。
>
> 五月五，过端午，绣个香囊挂出去。
>
> 六月六，热死狗，采回草药家中溜。
>
> 七月七，会织女，大桥底下听私语。
>
> 八月中秋月儿圆，家家户户要团圆。
>
> 九月九重阳，登高望秋凉。
>
> 十月冬天到，糊窗子煨炕穿棉袄。
>
> 十一月来数九天，过完冬至迎新年。
>
> 腊月腊，过腊八，小年大年忙活煞。

这则民谣就反映了一年十二个月（阴历）中的主要节气和节日期间老奇台一带的民俗文化。

3. 谚语文化

在长期的生产生活过程中，人们总结了许多农业生产和生活方面的经验，后来被编成了押韵、朗朗上口的顺口溜，既好记又诙谐，广为流传。这些蕴含了生产生活经验的顺口溜就是书面语中的"谚语"。这些谚语口口相传，指导着人们的生产和生活，也是当地传承农耕知识代代相传的重要方式。奇台流行的谚语主要分农谚、牧谚、气候谚、生活谚和养生谚五大类。

（1）农谚

麦盖三床被，头枕馒头睡。

种地不上粪，等于瞎胡混。

人哄地一时，地哄人一年。

七十二行，庄稼为王。

一年庄稼两年务。

不怕头水旱，就怕二水连不上站。

好种出好苗，良种产量高。

犁深加一寸，顶上一层粪。

庄稼要好，底肥要饱。

人缺营养脸皮黄，地缺肥料不产粮。

晚播弱，早播旺，适时播种苗儿壮。

四月八，乱点瓜。

节气不等人，误时减一成。

天旱不忘锄地，雨涝不忘浇田。

一亩园，十亩田。

早种一天，早收十日。

深犁浅种，也算上粪。

头伏犁地一碗油，二伏犁地累死牛。

你有满仓粮，我有歇墒地。

锄头底下有三分水。

肥不过秋雨，瘦不过寒霜。

沙枣花扑鼻子，赶快下手种糜子。

针扎的胡麻卧牛的谷，扁豆子一个望着一个哭。

瓜离母，四十五（天）。

人老一年，麦黄一夜。

田黄十分收七成，田黄七分收十成。

水萝卜，旱辣子。

春水地发慌，秋水地保墒。

根瓜长不大，梢后结大瓜。

立夏种胡麻，七股八叉丫。

春播早，粒粒饱。

三分钟，七分管。

菜籽七天不露头，就得吆牛套犁头。

伏耕有三好：晒土、灭虫又除草。

（2）牧谚

马怕满天星，牛怕肚底冰。

羊盼清明马盼夏，老牛盼着四月八。

圈里一把土，仓里一把米。

冬放骆驼夏放羊。

养猪无窍，圈干食饱。

穷不离猪，富不离猪。

中龋平，十岁零；边龋圆，十三年。

猪离母，四十五（天）。

九月九，打野牛。

乳牛下乳牛，三年五条牛。

羊吃百样草，得病不易好。

草铡三刀，牲口吃了掉膘；草铡一寸，牲口吃了有劲。

鸡的蛋，拿食换。

冰茬鞠轺草芽鸡。

（3）气候谚

九九有雪，伏伏有雨。

春旱不算旱，秋旱旱半年。

干冬湿年，石头上种田。

四月八，防霜杀。

早看东南，晚看西北。

南山戴帽，放牛娃倒灶。

六月天的雨水，东方亮的瞌睡。

冬暖夏雨少，冬寒夏雨多。

云朝东，一场风；云朝西，泡死鸡；云朝南，水漂船；云朝北，发大水。

冷在三九，热在三伏。

过了芒种，不能强种。

一芒二芒，四十五天上场。

立春寒，不算寒；惊蛰寒，寒半年。

惊蛰不离九九三。

春分不见雪。

冬至当日回，夏至十八天。

天河朝东，收拾过冬；天河朝南，准备过年。

三九三，冻破砖。

（4）生活谚

家有存粮，心中不慌。

省米有饭吃，省布有衣穿。

韭菜春秋两头鲜。

金从土中生，富自手上来。

金窝银窝，不如自家的穷窝。

遍地是黄金，还要明眼人。

人勤地生宝，人懒地长草。

树老半截空，人老百事通。

不怕事难，就怕手懒。

五月六月不做，寒冬腊月跺脚。

兴家如同针挑土，败家就如浪淘沙。

劳动出智慧，实践出真理。

下雨抹墙，刮风扬场。

勤学好问，不怕脑笨。

有钱盖北方，冬暖夏天凉。

补漏趁天晴，读书趁年轻。

有钱不买河湾地。

三月三，换单衫。

庄稼搅买卖，三年就发财。

人快不如家具快。

远亲不如近邻，近邻不如对门。

好马一鞭，好汉一言。

要想公道，打个颠倒。

嘴上没毛，说话不牢。

好借好还，再借不难。

冷时不要刮风，穷时不要害病。

骂人不揭短，打人不挖脸。

人怕伤心，树怕伤根。

酒是高粱水，醉人先醉腿。

实话说出来好听，老羊皮穿上隔风。

毛毛雨湿衣裳，糟蹋人的话冷心肠。

好话不出门，坏话传千里。

抬头不见，低头见，东山的日头送西山。

出进不关门，不是新疆人。

不用的人用三回，不走的路走三遍。

山不转路转，路不转水转。

忙是忙，六月盖上两间房。

铺把草，盖把草，有个老伴就是好。

软处好取土，硬处扛锨过。

师傅不高，徒弟折腰。

见人说人话，见鬼说鬼话，人鬼一起在，满嘴说胡话。

饥时给一口，强过饱时给一斗。

家有金银，外有戥秤。

人情不是债，提上家当卖。

棒打出孝子，娇惯忤逆种。

孝敬父母不怕天，交了皇粮不怕官。

饱汉不知饿汉苦。

灶内不烧闲火，家里不留闲人。

十个好维不了人，一句话就得罪人。

鞭打快牛。

犯法的事情不做，毒人的东西不吃。

肚里没冷病，不怕吃西瓜。

话不说不明，木不钻不透。

不怕慢，就怕站，一站就拉二里半。

一个老子能养活十个儿子，十个儿子养不活一个老子。

爹有娘有，不如自有。

话丑理端。

想得美，毛盖子没长对。

一只老鼠坏一锅汤。

（5）养生谚

饭后百步走，能活九十九。

宁吃仙桃一口，不吃烂杏一筐。

早吃好，午吃饱，晚吃少。

饭后百步走，不用进药铺。

三分病，七分养。

不干不净，吃了得病。

寒从脚下起，病从口中人。

暴饮暴食，伤身害己。

酒多伤身，气大伤人。

运动好比灵芝草，何必苦把仙方找。

每餐少一口，能活九十九。

少吃有滋味，多吃伤脾胃。

人无千年寿，花无百日鲜。

暖带衣裳，饱带干粮。

一顿吃伤，十顿喝汤。

——摘自《奇台县志》

（四）
多民族汇集的饮食文化

奇台饮食自古以来声名远播，为东来西往的各路宾朋所称道，这大概是源于古城在西域发展史上所处的优越地位和人文背景，"金奇台""旱码头"之誉是奇台县曾经经济和文化繁荣的最高表达。曾经的辉煌与当地农业有着密不可分的关系。奇台土沃草茂，物产丰饶，汉唐时代这里的军屯文化、农垦文化已相当发达，清末民初的"赶大营""移民潮"，使津、晋、京、湘、陕、甘、豫等地的很多人扎脚奇台，奇台的饮食文化在保留了当地民族特色的同时，也融合了中原各地的元素。

奇台饮食文化历史悠久，菜肴烹制方法各具特色，菜肴种类特别繁多，肉类菜肴烹制方法大体分为炒、煮、蒸、烤、炖、炸、烹、汆、烧等。菜肴类别大致可分为三大类，第一类（肉菜类）：过油肉、生烧肉、红烧肉、黄焖肉、回锅肉、清炖肉、糟肉、木樨肉、葱爆肉、酸辣肉丁、宫保肉丁、金钟肉丝、烧条子等；第二类（禽蛋类）：红扒全鸡、清蒸全鸡、大盘鸡、黄焖鸡、凉拌鸡、炒鸡块、鸡胗、凤爪等；第三类（菜汤类）：豆腐汤、鸡蛋汤、三鲜汤、肚丝汤、丸子汤、汆汤、拌汤（阿娃子汤）、菠菜汤等。比较著名的菜品有以贾殿元、穆生福、鲁祥书为代表制作的京八件，"杨麻子"的油糕、糖枣、江米条，徐生财的烧麦（稍梅）等。按烹饪方法可分为六大类制品：蒸制品、煎制品、炸制品、烤制品、煮制品、炒制品。

过油肉

大盘鸡

　　20世纪五六十年代的奇台百姓常说"三天不吃个米和面，心里就嘎究究得""三天不吃蒜拌面，心里烧得火蛋蛋"。意为不吃面食，饥肠辘辘。奇台菜肴，选料精细，讲究火候，注重色泽，善用佐料，味略咸、辣。煎、炸、熘、炖、烧等皆有所

拌面

长，其中特别讲究火候的运用，火力可大可小，火势可猛可缓，火时可长可短，变化颇多，不一而足。如吴旭东做的一手卤制品：卤全鸡、卤猪肘、卤猪蹄……

　　奇台菜的刀工讲究"切必整齐、片必均匀、断必过半、斩而不乱"，仅切丝就有粗丝、细丝、帘子丝、牛毛丝等。奇台厨师的刀也因其有"前切后剁中间片，刀背砸泥把捣蒜"的多种功能。

　　民食的丰富多彩，具有浓厚的地方特色。除正常的民食外，一年之中的每个节日，如七大节、八小节、二十四个毛毛节，节节都有其特定的民食，而且风味不同，各具特色。凡民间的红白喜事，诸如订婚、娶亲、嫁女、生子等，都要宴请宾客；亲人亡故安葬，也要设宴祭奠等。

　　奇台饮食又具有丰富的人文内涵。一是具有开放性。奇台自古是"丝绸之路"北道上的商埠重镇之一，是经济、文化交流的重埠。开放的环境赋予了奇台人开放的思维方式，奇台虽说是一个只有20多万人口的县份，进县城内的酒家不下千余家，只要你想吃，随时随地都可以吃到各式各样的美食，丰俭由人。随意走进奇台的一条街道，遍布南北各风味的饭店餐馆、几乎全国各大菜系的风味都可以找到。二是具有兼容性。全国各地的美食文化都具有兼收并蓄、海纳百川的特点，从奇台饮食文化上得到了充分的体现。奇台厨师中流传着"有传统，无正宗"说法，体现了奇台人敢为人先的勇气和开拓创新的精神。此外，奇台人自古就有吃饱不浪费的好习惯，吃不完"打包"带走，体现了奇台人对粮食"粒粒皆辛苦"的认识和勤俭节约的美德。

　　奇台的饮食文化，具有深厚的文化底蕴，就其深层内涵来讲，可以概括为四个字：精、美、情、礼。这四个字，反映了饮食活动过程中饮食文化的品质。审美体验、情感活动、社会功能等所包含的独特文化底

蕴，也反映了饮食文化与古城优秀传统文化的密切联系。精，是对奇台饮食文化内在品质的概括；美，体现了饮食文化的审美特征；情，吃吃喝喝，不能简单视之，它实际上是人与人之间情感交流的媒介，是一种别开生面的社交活动；礼，指一种秩序和规范。精、美、情、礼，这四个方面有机地构成了奇台饮食文化的整体，它们之间不是孤立存在，而是相互依存，互为因果，唯有"精"才能有完美的"美"；唯有"美"才能激发"情"，才能激发时代风尚的"礼"。四者环环相扣，完美统一。反映了饮食活动过程中饮食品质、审美体验、社会功能等所包含的奇台独特的文化底蕴，也反映了奇台饮食文化与传统文化的密切联系。

奇台县是多民族聚居的地区，各民族都有传统的饮食及菜肴，并相互借鉴、融合，不断创新和发展。民族风味的饭食和菜肴很难区分，也就是说，饭食就是菜肴，菜肴很多就是饭食，而且不是一盘、一碗、一个单独制作的，很可能一道菜就是一顿饭，一顿饭里就有很多菜肴。

1. 汉族饮食文化

一方水土养一方人，一方水土也滋润着一方的饮食文化。奇台美食与当地的农业生产和气候有着密切的关系。奇台县的面食品种繁多，不仅好吃，而且好看，因奇台县的面粉质量好，细且白，筋骨好，更容易醒发。奇台蒸制的食品多用的是小酵子，是奇台人用黄梅、玉米粉为原料自制的一种发酵粉，用小酵子发酵的面粉制作面食口感好。汉族主要从事农业，主食以小麦、黄米等为主，辅以蔬菜、豆制品和鸡、猪、牛、羊肉等副食，茶和酒是传统饮料。以小麦为主食的，习惯将麦面做成条子与"刀把子"（蒸馒头）、蒸饼、蒸包子、烧麦等。讲究并善于烹饪，是汉族的一大饮食特点。

最为著名的奇台小吃应该是奇台的"刀把子"（蒸馒头）、蒸饼和烧麦（稍梅）。"刀把子"就是蒸馍馍，面发好后用刀切成块状，再揉成圆形，因要用刀切，所以叫"刀把子"，是奇台人的主食。奇台"刀把子"以大著称，又大又白又圆又喧蒸出来的馍馍松软好吃。馍馍大了容易发，蒸出来"喧"（即松软），而小了不容易发，蒸出来的馒头"死僵僵"。风干馍也是奇台的一个特色食品，奇台人夏天把"刀把子"晒成风干馍，又干又脆，夏天用西瓜沙蘸着吃，别有一番风味。用软馍馍蘸甜瓜，也是奇台的一个特色吃法，故有俗语："老婆子害娃娃（指怀孕），想吃个软馍馍蘸甜瓜"。

传统的蒸饼或烤饼都类似脸盆那么大。蒸饼中所见各种夹层的颜色实乃胡麻、香豆子、红曲、姜黄、红花等作料。各自研磨成粉状，分别撒在揉好、擀平，抹了清油，切成块状的发面上，一块面皮上撒一种佐料，然后把面皮卷成卷，再把几种不同佐料面卷盘在一个大盘子里，一般用3个像编辫子一样的编好，之后盘成圆形的饼状，用一张大面皮包在上面，放在蒸笼上蒸，一层放一个，出锅后切开即可食用。

风干馍

蒸饼

制作烧麦（稍梅）的工艺十分考究，烧麦（稍梅）的面要上好的麦面，面不仅要白，而且还要有筋骨，用慢加水由软到硬的方法和面。皮儿要用空心双层擀面杖，不断旋转，使皮儿的边沿形成皱褶，如同裙褶一样，做烧麦（稍梅）的技巧也正在这里。馅子是精选的紫肉（不能说瘦肉，因为肥羊的肉和瘦羊的肉质有着根

烧麦

本的区别，故而，肥羊肉通常称为紫肉），拌上少许葱花加调料做成的。面馅相捏，成形后如同一朵盛开的梅花。蒸熟的烧麦（稍梅），形不走样。花瓣是粉白而干的，皮儿薄得透亮，能看清里面的馅儿。

烧条子

箱子豆腐

汉族副食种类繁多，较著名的有烧条子、卤大肉（热气腾腾、香气四溢、肥而不腻）、芙蓉肘子（白嫩熟烂、酥香可口）、箱子豆腐（形象美观、味浓可口）、红烧肉（甜咸皆宜、油而不腻）、糟肉（浓烂红艳、软嫩可口）、炸佛手（形象逼真、酥嫩味美）、冰糖肘子（色泽红亮、肉烂软甜）、红烧肘子（软香酥烂、肥而不腻）、虎皮肘子（焦煳酥烂、肥而不腻、别有风味）、红烧大肠（外焦里嫩、色香味醇）、卤粉肠（滋味鲜美、宜于下酒）、水晶肘子（亮如水晶、肉烂凉爽、味美可口）、水晶猪蹄（亮如水晶、肉凉筋爽、味美可口）、一捧雪（形似白雪、软甜可口）、腰花汤（汤清味美、富有营养）、猪肝汤（香鲜可口、营养丰富）、挂汁凤眼（形象美观、不肥不腻、清爽可口）。

汉餐馆在街面上数量很多，有大有小，大的馆子如东大街的"鹤鸣斋""同义元"和"会丰轩"。大馆子一般都临街开设，厅堂宽敞，厅堂内陈设八仙方桌或者圆桌；前堂里间设有雅座，摆有圆桌圆凳，窗明几净，文雅宁静，少有高声喧哗，在这种场合吃请，那自然是上等人士光顾的去处了。

面食、奶制品、牛羊肉是当地的主要食物类型。锅盔、蒸饼、维吾尔族馕、哈萨克族馕、土豆粉、凉粉、发糕、土豆泥、黄面、油塔子、臊子面、爆炒面、手抓饭、粉汤、蒸饼都是地方特色的食品，都是使用当地生产的小麦、土豆制作而成，口感上佳。当地农民日常的饮食也充分反映了当地的农业文化。农家早晚的吃法是小米汤、黄米汤或茯茶加小菜和馒头，中午吃拉条子，农忙时节早饭与午饭之间、午饭与晚饭之间再加上一顿"腰食"。

除了面食以外，牛羊肉和奶制品也是当地人的重要食物，比较典型的菜品有手抓羊肉、烤羊肉、羊杂碎、过油肉、夹沙肉、分割肉、粉蒸肉，另外还有燣肉臊子（盐炒肉），即当地农民春节时各家都杀整只羊，吃不完的肉加盐炒干，放到坛子里，想吃的时候，拿出来炒一下便可以吃。当地人把鲜奶通过各种方法加工，制作出酥油、酸奶、奶疙瘩、奶酪等奶制品，是当地常见的食品。

除食物外，奇台还有自己的饮品，奇台酒业有600年的历史，其酒质醇厚芳香，让它独尊天山南北。一个能出好酒的地方，一定是物产丰富、五谷优良、水纯田嘉之地，正反映出了奇台得天独厚的农业文明。

2. 维吾尔族饮食文化

维吾尔族是新疆游牧民族中较早转为定居农业的民族之一，其饮食文化中，至今仍保留着许多游牧民族特有的风俗。他们的主食以面食为主，喜食肉类、乳类，蔬菜吃得较少，夏季多拌食瓜果。主食有馕、油塔子、抓饭、凉面、汤面、曲曲儿（水饺）、包子、沙木萨（烤包子）、皮特尔曼塔（薄皮包子）、焖饼子、油炸馓子、手抓肉、烤羊肉、清炖羊肉、羊杂碎、灌面肺子等。肉类以羊肉为主，其次是牛肉，禁食猪肉、驴肉、狗肉以及自然死亡的畜肉。蔬菜主要为洋葱、胡萝卜、白菜、蔓菁、马铃薯等。

烤制食品是维吾尔族饮食文化的一大特色，同时也为新疆其他民族所喜好。他们拥有烤制食品专用的"馕坑"，"馕坑"建造方法十分考究。熔炉的形状为口小肚大的圆形炉膛，高180厘米，下面直径150厘米，用砖砌成。外面用六根铁条托住，用铁丝圈围起来，用泥糊住。烤炉里面要抹上红泥。烤制食品时，先用火力旺盛的梭梭树根、无烟

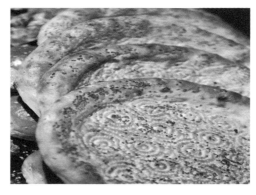

维吾尔族馕

煤或焦炭将炉膛烧热，取出明火，然后将需要烤制的食品贴在炉壁上，加上封盖，待食物烤熟即可食用。"馕坑"的用途广泛，不仅可以烤制面食，还可烤制肉食，如肉馕、油馕、包子等，这些都是人们喜爱的食品。

多食用瓜果是维吾尔族人民饮食文化的又一大特色。维吾尔族人们长期重视园林保护与生产，绝大多数维吾尔族人民都有自己的果园，因而有常年食用瓜果的习惯，果园成为维吾尔族人的天然维生素宝库。从5月成熟的桑椹、6月成熟的杏子开始，各种水果接连不断成熟，一年中有近7个月的时间能吃到新鲜水果。冬季还常吃核桃、杏干、杏仁、葡萄干、沙枣、红枣、桃干等干果。此外，不少家庭有储存甜瓜、葡萄、苹果、梨等水果的良好习惯。

维吾尔族传统的饮料主要有茶、奶子、酸奶、各种干果泡制的果汁、果子露、多嘎甫（冰酸奶，酸奶加冰块调匀制成，是维吾尔族最喜欢的饮料）、葡萄水（从断裂的葡萄藤中流出来的水，味酸，可治病）、穆沙来斯（用葡萄酿制的酒）等。维吾尔族在日常生活中尤其喜欢喝茶，一日三餐都离不开茶，茶也是用来待客的主要饮料，无论何时去维吾尔人家里做客，主人总是先要给客人敬上一碗热气腾腾的茶水、端上一盘香酥可口的馕，即使在瓜果飘香的季节里，也要先给客人敬茶。维吾尔人多喜欢喝茯茶，茯茶至今仍是维吾尔人最喜欢的传统饮料。维吾尔族中年龄大的人喜欢在茶里放冰糖。

维吾尔族特色美食总是让人垂涎欲滴，抓饭、馕、羊肉焖饼子、烤包子、薄皮包子、拉条子、羊杂碎、烤羊肉串等广受人们喜爱。馕是以发酵面为主要原料，根据不同的品种，分别辅以芝麻、洋葱、鸡蛋、清油、牛奶、盐、糖等佐料，和入发酵面，切成小团，擀成圆饼，贴在馕坑里烤制而成。馕以其主要原料可分为阿克馕（用小麦面粉烤成的馕）、扎克尔馕（用玉米面烤制的馕）；以其形状可分为后馕、薄馕、窝窝馕；以其佐料可以分为甜馕、肉馕、油馕等。具有久贮不坏、见水就酥、携带方便、香酥可口、富有营养的特点。广负盛名的拉条子用当地的小麦面制作而成，十分劲道。将当地产的扁豆和着牛肉炒好与煮好的面条拌在一起非常美味。拉条子的面很有讲究，和面时要加入适量的盐，做成长圆形细条，抹上清油放在盆里饧一段时间。接下来就是拉拉条了，这是整个拉条子最需要技术和经验的环节。面饧好后，将面条绕到手上数圈，再用另一只手将面抻开，边抻边拉边抖动，有的还在案板上甩拉面条，面条被拉得光滑细长，下到开水锅里煮熟。捞出来拌上菜与醋等调料即可食用。

油塔子

油塔子顾名思义，形状似塔，是维吾尔人喜爱的面油食品。一般做早点配合粉汤吃。塔子色白油亮，面薄似纸，层次很多，油多而不腻，香软而不沾，老少皆宜。这里有讲究：天热时，要在制作时用到的羊尾油里加适量羊肚油，羊肚油凝固性大，不至于因天热油溶化后流出面层；天冷时，羊尾油中加入少许清油，清油不易凝固。这样制作出的油塔子油饱满，且不流不漏，保持了油塔子浓香丰腴的独特风味。

手抓饭是当地人们的主食菜谱之一，以羊肉为制作主料，羊肉抓饭的烹饪技巧以焖菜为主，口味属于清香味。羊肉抓饭的特点是：羊肉入味，胡萝卜和葡萄干软中带甜，米饭中浸透各种香味。吃抓饭有一定讲究，传统习惯是，先邀请客人们坐在炕上，当中铺上干净餐布。随后，主人一手端盆，一手执壶，请客人淋洗净手。待全部客人净手完毕后，主人端来几盘抓饭，按2～3人一盘的间隔置放在餐布上，客人们一番谦让后，即用手从盘中抓吃，用手指将米团成小堆后送入口中。抓吃时，务必注意，不得洋洋洒洒。抓饭之名由此而来。但一些家庭招待汉族客人时也有例外，备有小勺。关于羊肉抓饭，还有一段动人的传说。相传1 000多年前，有个叫阿不都艾里的医生，他晚年时候身体虚弱，吃了不少药也无济于事。后来，他研究了一种饭，进行食疗。这种饭色、香、味俱佳，很能激起人们的食欲。他早晚各吃一小碗，半月后，身体渐渐得以康复。周围的人非常惊奇，以为他吃了什么灵丹妙药。后来，他把这种"药方"传给了大家，这个"药方"就是羊肉抓饭。传说可另当别论，但抓饭确是一种营养十分丰富的食品。羊油、洋葱、胡萝卜和大米都是含多种维生素的补品，特别是胡萝卜被人们称为"小人参"，用这样的原料做的饭，颇多裨益。

奇台是新疆维吾尔自治区畜牧业生产大县，盛产牛羊，羊杂碎就是以牛羊肉为原料的特色小吃之一。主要以羊的头蹄和内脏做原料，全部羊杂碎分为三主料和三副料。三主料又称"三红"，指心、肝、肺；三副料又

羊杂碎

称"三白"，指肠、肚、头蹄肉。维吾尔族人对吃羊杂碎十分讲究，在制作羊杂碎时，特别讲究"三料""三汤""三味"。一般都是在宰羊之后，细心地将羊内脏完整地取出，用清水反复翻洗至白净无色后备用。正宗的奇台羊杂碎下锅时，讲究将心、肝、肺三主料切成细丝或长条一同熬制，至于羊的肠、肚、头蹄肉三副料，则各有妙用，分别用于生油、提味和架碗充数。维吾尔族人们对于羊杂碎这种小吃，不仅自己喜欢吃，而且将其作为招待客人的一种名馔佳肴。在吃的过程中也非常讲究。一般而言，一碗羊杂碎是否地道，主要看的就是主副料是否齐全。

3. 哈萨克族饮食文化

哈萨克族是以肉为食、奶酪为浆的民族。在常见的饮食中，肉食有手抓肉、熏肉类、烤肉类、炒肉；奶食有马奶酒、驼奶酒、酸奶子、奶疙瘩、奶豆腐、酥油；面食有馕、包尔萨克、油饼、汤面、干炒面；饮茶有奶茶、酥油茶、奶皮子茶、油茶、老婆婆茶和黑茶等。其制作一般只用食盐，很少用其他调料，而且加工工艺比较简单。

哈萨克族人的手抓肉煮肉的方式很讲究。剃肉从羊的骨节开始卸开，不弄碎骨头，并将羊头、羊蹄燎毛与羊肚、肺肝等洗净同时下锅。

酸奶

下锅要用凉水，用大火煮至开锅后撇去浮沫，并不断用勺子舀起沸水浇在大块羊肉上。浇20分钟左右，加食盐后改微火，加锅盖闷严，慢慢将肉煮烂。在煮肉的同时，要将小麦粉和成宽面片。等肉煮好后，主人（或厨师）将肉捞入大盘中，分肉时会将肥瘦搭配好，稍晾一会才上餐桌，并用肉汤将煮熟的宽面片垫在盘子底部，名曰"纳仁"。再将肉配好放在面片上，用肉汤将切成丝状的洋葱烫熟，浇在羊肉和面片上即成。哈萨克族的手抓肉肥而不腻，鲜嫩可口。一是汤清，不带骨渣和浮沫；二是将油煮进了肉里，让人食之不腻；三是煮肉时改用慢火后连煮带闷，香味不易蒸发掉；四是肉能煮透，避免外熟里生；五是带有烧烤火蹄的焦油以及杂碎味，容易增加食欲。

哈萨克族是游牧民族，游牧生活的艰辛和生活条件使他们总结出了许多烤肉的方法，是别有风味和情趣的。一是烤肉（哈萨克语称为"哈克它汗叶特"）。主要选用羊胸骨上剃下的肉或骆驼肉，撒上盐末用木棒撑开串上长木棍放在篝火上，烤到七八分熟时刀削分食，其味独特。而牧民在野外放牧时如果抓到野生动物，只要砍几根木棍。剃光一头，然后把野生动物切成薄片串在木棍上，放在火上撒上盐水烤熟即可食用。二是火墩焖肉（哈语"斯勒克拜依"）。猎手们在野外打猎或者就餐时，将羊（或野生动物）肚子倒出粪便，反过来洗净开口，装入加盐和野葱块，再用驼毛线缝住羊肚口。地上挖坑，大火烧坑，烧坑后扒过大火，将装肉的羊肚子放入坑中，盖土再烧，闻到肉香即停。羊肚内的肉又香又嫩。这是哈萨克族人野炊肉的一绝。三是石板烤肉。将肉贴在烧红的平滑石头上，撒上适量盐水，肉熟后可食用。这是哈萨克族人野炊肉的又一绝。

哈萨克人制作的奶制品比较多。一是马奶酒（哈语"克木孜"）。将马奶装入沙班（驼皮缝制的烧瓶型皮袋，现代人亦用粗帆布缝制），加入发酵剂；封口保湿发酵，一般一昼夜即可。发酵时间越长，酒味越浓。马奶酒醇香爽口，营养丰富，性温味酸，有开胃健脾、理肺等功能。二是驼奶酒。一般采用熟奶发酵，其制作方法与马奶酒相同。驼奶酒比马奶酒稍有逊色。三是酸奶子（哈语"阿依浪"）。将牛奶或羊奶煮沸凉至30℃左右，加入酵母搅匀，保温发酵3~4小时，即成酸奶子。酸奶子略酸适口，开胃健脾，营养丰富，是夏季消暑佳品。四是酸奶疙瘩（哈语"苦勒提"）。牛奶或羊奶煮沸，凉温倒入沙班，加酸奶发酵，每天用棒槌搅动，促其发酵，直到油水分离，浮到沙班上端之油即为酥油，将其取尽，余下酸奶用锅熬到水乳分离状，倒入毛线袋中，让其水分流出，形成软块状酸奶，掰碎晒干，即成酸奶疙瘩。酸奶疙瘩是哈萨克主食之一。五是乳饼。将牛羊奶加入少许酸奶子入锅架火基本熬干水分，切成片状，晒干制成。六是酥油。将做酸奶疙瘩过程中取出之酥油捏成块，用刀子上下左右划割，留在油中之羊毛会随刀而出，然后加盐搅匀，即可食用。酥油理肺健脾，是哈萨克人待客佳品。

哈萨克族人除喜食肉、奶外，也食用独具特色的面食。一是馕，哈萨克的馕是用铸铁带盖平底锅烤制，有时制作时要加奶子或酥油，其馕酥软可口。最小的馕一般有茶杯口那么大，叫"托喀西馕"，厚约1厘米，是做工最精细的一种小馕；还有一种直径约10厘米，厚5～6厘米，中间有一个洞的"格吉德馕"，这是所有馕中最厚的一种。哈萨克族人出差、上远路都带这种馕，路上吃些"托喀西馕"，再喝点茶水，马上可以充饥，这真是一种理想的方便餐。传说当年唐僧取经穿越沙漠戈壁时，身边带的食品

哈萨克馕

就是馕。二是油炸面食，哈萨克人把和好的面擀成约5毫米厚（发面、死面均可），切成小方块或菱形后炸熟，称为包尔萨克；切成大方块或圆形而炸熟，称为切勒拜克。这是哈萨克人请客中必不可少的面食。三是汤面（哈语"靠交"）。用奶子和水下面称为奶子面，水中加盐称为"卡拉靠交"。四是炒面，麦粒炒熟脱皮。用开勒（木臼）椿成粉状即成。吃时冲上酥油茶或羊油茶，加糖搅成糊状，味香而独特。

哈萨克人的饮食离不开茶，喝茶也是饮食重要组成部分，"宁可三日缺面，不可一日缺茶"。一是黑茶（哈语"卡拉卡依"）。将茶叶在壶中煮成黄褐色，加盐即成。二是奶茶（哈语"阿克卡依"）。在黑茶中加入适量鲜奶即成，适口味美。三是酥油茶。在奶茶中加酥油和方块糖即成，味甘浓香，提神解乏，是茶中佳品。四是奶皮子茶（哈语"卡依马克卡依"）。在奶茶中加入奶皮即成，味香可口，有别于酥油茶。五是油茶（哈语"通哈拉提巴"）。将洗净小米用油炒，同时加面粉同炒，到米、面呈黄褐色即成。用黑茶冲食，御寒提神。六是老婆婆茶（哈语"砍莆卡依"）。用胡椒、丁香、茶叶在壶中同熬，待茶色浓后加奶加盐即成。这种茶治风寒、助消化，被广大哈萨克妇女所喜爱。

哈萨克人传统炒肉方法有两种：一种是水炒肉，二是油炒肉。调料只用盐，油只用动物油，有时也放红葱和土豆片、白菜片、胡萝卜片

等。其特点是制作简单，味道清淡，多食对肠胃无碍。

4. 其他民族饮食文化

回族家常饭食有拉条子、面条、臊子面、大米饭、抓饭、粉汤、蒸馍、香豆、花卷等，菜肴有炒菜、烩菜、凉拌菜等，节日食品有馓子、油果、油饼、油香、香酥条、木梳旦旦等。传统菜肴一是"九碗三行子"，二是"四盘席"。

粉汤具有汤清色亮，味道鲜美，略酸、微辣、微麻，适合北方人的口味，也是南方人很喜欢的特色。主料包括：羊肉、大白菜、洋葱、番茄、菠菜、红辣椒、水发木耳、粉块。配料有食盐、醋、酱油、花椒粉、胡椒粉。

清凉爽口的回族凉粉以豌豆粉为原料，配上油辣红辣面、油泼葱花、醋等调料。制作方法较简单，首先将豌豆粉用水化开，倒入架火的锅中，迅速用木擀面杖顺着同一方向搅动，直至豌豆粉与水完全融合成糊状后辙火。然后用勺子（或锅铲）将其舀出，放入大盆或盆中，待其冷却凝固后，切至约5毫米的粗条状，装盘加入油辣红辣面、油泼葱花、醋搅拌后即可食用。也可以和凉皮合食。

奇台过油肉表面晶莹光亮，口感鲜美滑嫩，选料严谨，配料独特，制作精细，以其精湛、独特的烹饪制作技艺，深受当地各族人民的青睐，成为这百花园中的一枝奇葩。

黄面，蒜香浓郁，咸香微辣。其原料有：面粉、蓬灰、芥末、蒜泥、辣面、醋、酱油、香菜或菠菜、味精、盐。做黄面离不开蓬灰（将一种野蓬蒿烧炼的结晶体，称之为蓬灰），和面时兑适量的蓬灰可使面柔韧、变黄，既提高了拉力，又增强了美感，拉出来的面条细长光洁，澄黄晶亮，细如粉丝，状如龙须，形似金线。煮熟的黄面盛满一盘，浇上调好的料汁和佐料，吃起来淡香爽口，开胃去腻，清热除躁。

黄面

五

巧用自然
无为而治

新疆奇台旱作农业系统

（一）
农耕知识

1. 生物多样性保护

在灌溉农业区，奇台人民利用河流水和地下水浇灌耕地，保证农作物生长过程中对水的需求。灌溉作为一种典型的水源时空调配方式，人为改善了生物生长环境，使原来无法生长农作物的地方能够正常生长。在实现干旱地区生长作物的过程中，土壤肥力、水分和农田生态的改善，为更多的生物提供了栖息地，从而保护和提高了生物的多样性。

在雨养农业区，农民充分利用自然条件，种植多种作物和创造多种农业类型，从间作套种、轮作休耕到绿肥种植，不仅有效地保护了生物

留茬地

多样性，同时也是对生物多样性的有效利用。很少使用化肥和不使用化学农药的传统耕作方式，避免了系统中相关物种（如土壤微生物）被杀死；实行轮作制度可以保证土壤肥力和改善土壤的化学性质和物理性质，也可以保证土壤微生物的多样性和地表植物的多样性；防护林和果树与农田间作可以改善小生态环境，从而为许多的生物生长提供栖息环境，保证农田生态系统的生物多样性；农民根据市场需求和气候变化情况，进行小麦、红花、白豌豆、扁豆、绿豆、鹰嘴豆、油菜、青稞、荞麦、大麦等各种作物，还有各种蔬菜等栽培，有效提高了农业生物多样性。除此以外，农民在农业区和草地交界处养蜂酿蜜，增加了农作物和草原生物的受粉率，也有助于生物多样性的维护。农作物收割后，留茬放牧，不仅可以保护土壤不被大风的吹蚀，也为系统内更多生物种类提供了生长的土壤。

2. 光热、水土资源利用

　　奇台气候干旱，日照时间长，光照资源十分丰富，是中国光照资源最为丰富的地区之一。为了充分利用当地的光热资源和持续利用水土资源，当地农民不断改变农业结构，由原来单一地种植小麦、大麦、荞麦

牧业（张永勋/摄）

和豆类等粮食作物的结构，逐渐发展到种植油菜和胡麻等油料作物、马铃薯等薯类作物、苜蓿和草木樨等绿肥作物等多种作物的复合结构。并根据不同海拔的光照和热量组合条件，种植不同的作物。海拔1 200～1 700米地区，气候温凉，热量稍低一些，适宜种植较耐低温的小麦、红花、豌豆、白芸豆、鹰嘴豆、油菜等作物；海拔1 700米以上的地区热量更低，适宜种植耐寒和耐低氧的大麦、青稞和荞麦等作物。2 000米以上植被主要为草原草甸，多以放牧业为主，从事牧业的人群主要为哈萨克族牧民，饲养的动物主要有细毛羊、绵羊、马、鸡、黄牛和驴等。除草原放牧以外，还有另一种畜牧形式，即作物收割后的农田放牧和冬季圈养。奇台县地理纬度较高，可供作物生长的时间短，不能进行一年两熟制生产，但是春播作物收割后还有一段植物适生期，即当小麦和大麦等农作物收割以后，麦地里的草类生长出来，可以进行放牧，充分发挥了土地的生产力。另外，小麦、大麦和青稞的秸秆也被充分利用，农民将其打捆堆放起来，作为牛羊饲料的加工原料。

天山北坡处于来自大西洋的暖湿气流的迎风坡，降水较丰富，在一定的高度范围内随海拔高度的升高，降水越来越丰富。部分海拔较高的山脉、再往上距雪线较近的山区由于接受冰雪融水较多，主要生长针叶林树种如雪松，在沟谷地区种植的经济林树种有杏子、沙棘、海棠和苹

雪松（张永勋/摄）

果等。山间除了种植业、林业和牧业以外，还可以种植少量的红花、伊贝母、枸杞、板蓝根等药用植物。

清代由于陕、甘、晋等人口大量流入，带来了适合当地自然条件的各种小杂粮。杂粮苗出土后，正是小麦停水时，不与小麦争水，因此，奇台县小杂粮生产日益兴盛。在生产过程中，农民在长期的生产实践中，掌握了不同作物的生活习性，根据这些作物的生活习性，创造了许多不同作物轮作种植的模式，尽可能多地利用了光热资源。而且，许多模式对改善土壤生产力效果十分明显，如种过青稞和豌豆的耕地为肥茬地，接着可以种扁豆和高粱，能高产；在板钢地种豌豆和扁豆，在盐碱地种谷子，可以改良土壤；种过荞麦的地宜种小麦，不宜种豌豆；种过谷子的地为瘦茬地，什么也不宜种。按农时耕作对于奇台县这种气候条件来说非常重要，"早种一天、早熟十天"，根据前一年冬季降雪状况，判断第二年的水量，在允许的条件下，提前播种提前收，可以避开旱灾，降低旱灾的发生率，如果耽误了农时会导致收成大量减产。因此，农民生产中总结了许多严格按农时耕作的经验，并将其编成农业谚语，如"高粱立秋不出头（出穗），不如割了喂老牛"，"豌豆种在冰上（刚解冻时），豆荚结在根上（结得多）"。除此之外，农民还摸索出不同的作物种植密度不同，如"针扎的胡麻卧牛的谷，扁豆子一个望着一个哭"说的是谷子和扁豆要种得很稀。

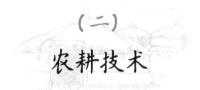

（二）
农耕技术

1. 农田耕作技术

奇台纬度较高，深居内陆，冬季时间长，十分寒冷。在山前平原的灌溉农业区，曾经主要为春季播种，新中国成立以后，特别是改革开放以后，随着科学种田知识与技术的推广，秋播才全面铺开。山区的雨养农业区，由于海拔高，热量低，一年只能种一季，所以旱作农业的翻耕主要是春耕，即第一年作物收割后，并不马上翻耕，而是在留茬地上放牧，一直等到第二年春播之前再翻耕播种。翻耕方式是"二牛抬杠""牛马抬杠""牛驴抬杠"或"驴马抬杠"等的畜力拉农具翻耕。耕

二牛抬杠

作农具主要有犁、坎土曼、铁锹等。随着犁的改进，翻土越来越深，耕翻的深度从最初的10～15厘米加深到后来的20～30厘米。奇台雨养农业区属于较粗放的农业类型，由于地广人稀、劳动力缺乏，传统的播种方式主要是撒播。撒播的方法主要为"浪苗子"，是在犁过的地上撒种，然后再耙一遍。"浪苗子"撒播法覆土厚、扎根深、不易受冻害、成苗多，山区的许多雨养农业区仍沿用此法。随着播种机技术的成熟和推广，下籽均匀、省工省力、节省种子的马拉播种机的条播技术广泛使用。传统的作物收割技术主要采用人力用镰刀收割。将割下的作物成把且整齐地平放在田间

木犁

晒干，然后将晒干的作物捆扎用畜力车运到道场。最后将运到道场的作物集中平铺，用牛或马拉石碾碾轧，将种壳碾轧掉，通过自然风分选出粮食。

农具（闵庆文/摄）

2. 水土管理技术

奇台山麓平台灌溉农业区，降水稀少，但是由于地势低或位于河流沿岸，山上的积雪融水和降水在重力的作用下，一部分汇集到河流里向下游流动，沿河两岸的农田则主要通过引河流水灌溉，保证农业的正常进行。一部分从土壤层里不断向下渗透，汇集到这些低平地区的土壤层中，使得这些地区地下水位浅，地下水资源丰富，挖井取水灌溉是最常见的灌溉方式。

奇台南部山区的这些河流属典型的季节性河流，有丰水期、平水期和枯水期之分。一般情况下，当年11月至第二年3月中旬为枯水期，4月下旬至5月中旬为春汛期，5~8月为夏汛期，9月进入平水期，作物的生长期为4~10月，因此，4~10月为农业的灌溉期。奇台河流灌溉区主要通过引水工程进行灌溉。在古代，各条河流上没有固定的引水工程时，农民自己在河上打木桩、压树梢、做木制坪口分水；新中国成立以后，政府在开垦河、中葛河、碧流河、吉布库河、达坂河、白杨河等主要河流上修建永久性的引水工程，这些引水工程主要由进水闸、节制闸、泄洪闸、分水闸等建筑设施组成。

引河水灌溉的方法也发生了一系列的演变：新中国成立初期及以前，主要方式为不打埝子只堵坝的大水灌溉法；1958年以后，改为就势打埝子，进行大畦式灌溉，有效节约了用水，灌溉质量也得到明显提高；1978年以后，以沟灌为主，畦灌为辅，取消了漫灌；近些年，随着灌溉技术水平的提高，推广使用加压滴灌技术。每一次灌溉技术的改进，都大幅提高了水源的使用效率，节约了水资源。

除引河水灌溉的农业区外，分布于山麓地带的平坦地区，由于源自高山上的冰雪融水，在重力的作用下，沿土壤层向下渗透，使处于天山北麓的广大平原地区地下水位高。当地农民依据这一自然特征，挖井取水，发展灌溉农业。河灌区种植的主要作物有玉米、冬麦、中晚春麦、蔬菜和瓜类、甜菜等。为了防风固土，当地人们还在棋盘状的农田田埝上种植树木，形成了广袤的林田相间的灌溉农业景观。

奇台天山北麓的灌溉农业景观（张永勋/摄）

　　井水灌溉主要是通过挖井提水的方式来灌溉的。该地区传统的提水工程为坎儿井。它是开发利用地下水的一种很古老的水平集水建筑物，主要用于截取地下潜水来进行农田灌溉和居民用水。坎儿井的结构，大体上是由竖井、地下渠道、地面渠道和"涝坝"（小型蓄水池）四部分组成。春夏时节天山上的大量积雪和雨水流下山谷，潜入戈壁滩下，人们通过坎儿井，引地下潜流灌溉农田，不因炎热、狂风而使水分大量蒸发，因而流量稳定，保证了自流灌溉。但是，细水长流的坎儿井工程对水资源浪费较大，随着用水的逐渐增大，许多坎儿井干涸，一些也不能满足节约用水的要求，20世纪60年代，机电井逐渐替代了坎儿井。

坎儿井

　　机电井，即以柴油机和电力为抽水动力的水井。机电水井主要是用冲击钻、火箭锥等钻井机器钻成。井深由原来的9~10米，发展到后来的35~50米深，井壁用砾料筑成。提水效率显著提高。后来，又出现了更加节省成本的、出水量更大的辐射井。辐射井输电线路少，线损变较小，使用寿命长。辐射井因可灌溉的面积广，需要的井数少，在井址选择时比较讲究，一般选在地下水浅埋区、地下水埋深度小于5米、开采容易且打深不存在泥淤积问题的地方。从井里提上来的水，早期主要通过沟渠输送到地里，进行沟灌和畦灌。随着灌溉设备不断更新，目前开始大面积的通过管道设施将水输送到田间进行滴灌或喷灌。

奇台县雨养农业区土壤主要为黑钙土和栗钙土，土层深厚，由于气候干旱少雨，作物根系和秸秆分解较慢，土壤腐殖质积累较多。但因该区地形起伏大、交通不便，又因人均耕地面积大、劳动力缺乏，种子播下后基本不施肥，所以连续种植几年，土壤肥力容易下降。在长期的生产实践中，当地人们总结出了许多保持地力的耕作管理技术，最早使用保持地力的方法是轮歇制度（休闲制），即开垦出一块耕地，种植几年以后抛弃，让其自然恢复地力，然后再种，各地块轮流休耕。后来当地农民发现不同的作物对土壤肥力的影响不同，总结出一套科学的土壤保墒耕作制度，即不同地力选种不同作物、同一块耕地不同年份种植不同作物的轮作制度，如将豆类和小麦轮作以保证收成。雨养农业区气候相对干旱，发生水土流失的概率很低，即便这样，农民也有一系列的保肥保土措施。譬如，将做饭烧柴草产生的草木灰施入地里增加土壤的钾含量；秋收过后，不翻耕，这样不仅可以保证麦茬地里的草生长固土放牧，还可以防止秋冬季大风吹走坡地土壤，以达到保土的作用。

奇台耕作土

3. 灾害防控技术

雨养农业区海拔高，气候干旱，病虫害较少，主要防治病虫害的传统技术为耕季轮作、烟熏、人工扑捉、堆草火烧、坑埋等方法。该区主要的农业灾害为旱灾和杂草灾害，农民主要选育抗旱的品种和播种抗旱作物来降低旱灾的损失，而防止草害的措施有深耕、条播、人工拔除、施腐熟肥、伏耕休耕、种植苜蓿和生长期短的作物。

六

借助形势 谋求发展

新疆奇台旱作农业系统

（一）
主要问题

1. 存在的问题

（1）基础设施滞后

由于在渠道、水土保持林带、土壤改良等农业基础设施方面建设滞后，使得部分农田不能达到旱涝保收，农业综合生产能力特别是粮食生产能力低的问题尚未得到根本解决。一旦遇到自然灾害，实现粮食稳定增产的难度很大。在农业生产投入方面，虽然国家制定了一系列面向农

土质田间道路

业的倾斜政策，但由于财力不足，农业的投入仍不能满足实际需要，田间道路等许多急于改造的工程多年得不到实施。

（2）农业比较效益低

调查中发现，农户中多数参与调查的年轻人都在外地打工，雨养农业的参与者大多以中老年人为主。由于在外打工收入远高于种植收入，而雨养农业种植的传统技术要求和劳动强度都比较高，年轻人不愿继续从事种植业。由于对雨养农业的历史文化价值了解不够，多数年轻人不熟悉雨养农业中的传统技术和知识，没有继承这些传统知识和技术的意愿，这也导致了劳动力的流失。

（3）发展观念与技术冲击

一方面，现代文明、外来文化和生活方式的影响，使传统农业知识及其维持体系受到威胁；另一方面，受经济效益的驱动，现代农业技术不断冲击着传统的雨养农业生产方式。机械化生产、化肥、农药的大量使用，虽然提高了农作物的产量，但也导致了土壤板结、地力下降等严重问题，从而冲击到雨养农业系统的可持续发展。

（4）农村环境污染突出

一是生活污水处理滞后。奇台县2010年末乡镇总人口数为150 234人。生活污水产生量约为9 014吨/日，生活垃圾产生量约为150吨/日。奇台县部分农村生活污水垃圾处理设施尚处于空白。由于奇台县乡镇生活污水、垃圾处理设施几乎是空白，大量生活污水未经处理直接排入水体，严重污染了河流以及地下水；垃圾无序堆放，堆放在房前屋后、道路边、河道内，严重污染了乡镇和村庄的环境卫生。二是禽畜养殖污染物不断增多。畜禽养殖场区大多建于村民居住地附近或村庄周围，粪尿随处堆积，露天堆放，极易滋生蚊蝇，也会诱发疾病；受雨水冲刷，对周边的地表水和地下水造成一定污染。

（5）地下水超采严重

奇台县处于干旱、半干旱地区，降水量少，而且年内、年际间降水量极不稳定，年降水相对变率可达19%左右，月相对变率为39.0%～61.8%，作物极易受旱。随着农田面积不断扩大，奇台县农业水资源十分缺乏，地表水已不能满足灌溉的需要。从20世纪80年代开始大规模开采地下水，平均地下水位从1983年的24.12米下降到2006年的13.04米。近10年来地下水位最大下降值为15.98米，地下水开采程度已属严重超采。地下水位的下降，造成天然植被因缺乏必要的水分而死亡，主要表现为中草和高草面积急剧下降，地表植被覆盖度降低。进一步导致奇台内部植被本身的防风固沙作用降低，在绿洲—荒漠交错带发生土壤荒漠化问题。

2. 面临的挑战

（1）气候变化影响

1961—2000年，奇台县气温逐年上升，平均气温为5.1℃，年均降水量为184.8毫米（表1）。总体看，奇台县在20世纪80年代中后期出现气候向暖湿转型的变化。气候变化影响奇台县南部山区冰川进退、河水径流量及农牧业发展。气温升高使景观格局向干旱草原和沙漠景观演变，极易造成草原过渡开垦、土地退化、土壤盐碱化及土地沙化现象的发生，导致草地面积不断缩小。草地斑块面积百分比由1980年的25.02%降低到2007年的24.47%，说明草地景观优势度降低，草地面积从1980年的4 365.08平方千米减少到2007年的4 275.87平方千米，证明气候变化对景观格局有一定程度的影响。

表1 奇台县近40年来气温和降水变化

年份	年平均气温（℃）	年均降水量（毫米）
1961—1970	4.9	163.1
1971—1980	5.0	166.7
1981—1990	5.3	190.5
1991—2000	5.4	218.7
2001—2008	5.1	184.8

（2）矿业化的挑战

实行无公害种植，生产无污染、安全、优质、有营养的农产品，是国际社会高度关注、共同倡导的关系到人类健康和农业可持续发展的重大课题，并已经成为农产品生产与消费的世界潮流。奇台县矿产资源丰富，境内主要有煤、石灰石、花岗岩、膨润土等20余种矿产资源，其中：预测煤炭储量3 000亿吨、石灰石1 130亿吨、花岗岩30亿立方米。准东煤田作为自治区四大煤田之首、国家第十四个煤炭基地的重要组成部分。现已有一批大企业大集团入驻。奇台县在未来推进以煤电化工为重点的工业化进程中，势必会对生态环境造成一定的污染，如何避免采矿对农作物种植的不利影响，是奇台旱作农业系统保护亟须解决的一个问题。

（3）环境监管缺失

随着奇台县经济社会跨越式发展和社会稳定工作不断加强，环境监管工作面临着挑战。一是环境监察队伍人员编制不足，依据《全国环境监察标准化建设标准》的要求，奇台县环境监察大队达到三级建设标准，人员不少于20人，县目前仅有10人，人员不足，环境执法能力受到限制。二是环境监测能力还未形成，环境监测是环境执法和环境管理的依据，奇台县环境监测站成立后，由于环境监测设备无法落实，因此，无法形成环境监测能力。

（4）遗产地发展面临三重风险

奇台旱作农业系统是以天然降水作为水源的活态遗产，受自然因素限制较大。自然条件的限制和自然灾害的风险是系统保护与发展将面临的主要风险。同时，由于我国北方干旱地区农业和农村存在着较大的相似性，奇台在发展生态农业产品和生态旅游业的过程中，存在一定市场风险。如何规避风险，提高抵御风险的能力，有待于关心和关注奇台旱作农业系统的各界人士共同努力。

（二）
机遇与前景

（1）国际上对全球重要农业文化遗产的重视

为保护农业文化遗产系统，联合国粮食及农业组织（FAO）于2002年启动了全球重要农业文化遗产（GIAHS）保护和适应性管理项目，旨在为全球重要农业文化遗产及其农业生物多样性、知识体系、食物和生计安全以及文化的国际认同、动态保护和适应性管理提供基础。这一创举为奇台旱作农业系统的保护和发展提供了良好的国际环境。

（2）国家"一带一路"经济发展战略构想的提出

"一带一路"中国经济发展战略的提出，对推进我国新一轮对外开放和沿线地区的共同发展意义重大。奇台地处中国古丝绸之路的重要节点上，"一带一路"经济发展战略构想为奇台创造了重大的经济、社会和文化发展的重要战略机遇。

（3）农业部开展中国重要农业文化遗产发掘工作

为加强我国重要农业文化遗产的挖掘、保护、传承和利用，农业部从2012年开始开展中国重要农业文化遗产的发掘工作，为奇台旱作农业系统的发展创造了机遇。奇台旱作农业系统拥有悠久的历史和独特的文化，是特色明显、经济与生态价值高度统一的重要农业文化遗产，是当地劳动人民凭借着独特而多样的自然条件和他们的勤劳与智慧，创造出的农业文化典范，蕴含着天人合一的哲学思想，具有较高历史文化价值。但是，在经济快速发展、城镇化加快推进和现代技术应用的过程中，由于缺乏系统有效的保护，奇台旱作农业系统正面临着被破坏、被遗忘、被抛弃的危险。开展重要农业文化遗产发掘工作，对保护和弘扬雨养农业文化、促进其农业可持续发展、丰富休闲农业发展资源以及促进农民就业增收等都有着积极的作用。

中国重要农业文化遗产（张永勋/摄）

（4）政府有关部门持续加强扶持力度

国家和新疆维吾尔自治区出台的农产品加工、惠农利农等相关政策，为发展绿色农产品加工龙头企业、带动农村发展、推动奇台旱作农业系统的保护和发展、提高农民经济收入提供支持。奇台县政府有关部门积极开展旱作农业系统保护和发展工作，提供政策、技术、资金等方面的支持，努力开拓市场，为旱作农业系统保护和发展创造了有利环境。为促进奇台农业的发展，政府有关部门以发展高效节水农业、设施农业、设施畜牧业、特色林果业等工作作为调整农业结构、促进农牧民收入提高的突破口，加快构建高产、优质、高效、生态、安全的现代农牧业产业体系，全面提高农牧区经济可持续发展能力。奇台旱作农业系统是独具特色的农业系统和景观，其发展至今已不单单局限于农业系统，在多样化的扶持政策下拥有巨大的发展空间。

金奖

全国粮食生产先进单位

（5）社会主义新农村建设带来了契机

党的十六届五中全会做出了按照"生产发展、生活宽裕、乡风文明、村容整洁、管理民主"的要求建设社会主义新农村的重大战略部署，为我国未来农业、农村发展提供了纲领性的指导。在我国加入世界贸易组织、全国向小康社会过渡、农村经济发展出现停滞不前的背景下，提出在奇台旱作农业系统下发展农林牧复合经营模式，探索出适合当前新疆地区农村经济高效、生态、可持续发展的新型产业化经营模式，为农村经济发展注入新的活力。奇台旱作农业系统的保护既是对资源和景观的保护，同时也关注农村居民生活水平的提高和农民生计的改善，其理念符合社会主义新农村建设的基本要求。

（6）食品安全受到广泛关注

现代农业生产以化肥、农药、除草剂的大量使用为特征，对食品安全构成了极大的威胁。农产品中农药大量残留，直接危害到人们的身体健康，因为农药残留造成的中毒事件不断出现。奇台县政府有关部门重视农产品安全，对生产基地、绿色农产品和地理标志等进行了多项认证，确保农产品的安全性。因此，社会各界对食品安全的广泛关注将为奇台农业的保护提供了良好的契机。

农产品地理标志登记书

（7）休闲农业成为人们重要的休闲方式

近年来，随着都市生活压力不断增大，人们越来越喜爱到城郊农村进行休闲、度假。休闲农业逐渐成为都市人生活的重要组成部分，也是节假日游憩的重要方式。在奇台县雨养农业系统核心区之一的半截沟镇分布着面积巨大的万亩旱田，这些旱田在历史文化、景观等方面都具有其独特性，是一种重要的旅游资源，具有发展休闲农业所需要的各种要素条件。因此，可以凭借奇台优越的地理位置，发展具有特色的生态农业旅游，带动旱作农业的发展和雨养农业系统的保护。

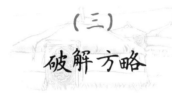

（三）
破解方略

1. 加大农业基础设施建设

积极从中央、省、市争取项目资金的支持，创建粮食高产、稳产的农田，开展农业综合开发，稳步实施基本农田整理、农田建设、中低产田地改造，新建一批农田道路和桥、涵、闸等农业基本设施，完善农田排灌体系，最大限度地改善农业生产条件，提高农业综合生产能力。扩大农田土壤质量的监测，加快改善土壤质量，发展循环农业，提升土壤有机质，推广保护性耕作技术，改善和提高耕地质量，为发展高品质农业和农田生态保护打下坚实基础。

2. 打造高端品牌农业

发挥传统农业在健康、生态、品质上的优势，重点打造特色农业品牌、无公害农产品、绿色农产品、有机农产品，提高遗产地农产品的经济价值，使农民、企业和政府财政增收，从而实现农业遗产的保护。可以按照近、中、远三个阶段，分阶段实施。

近期，可以以农、林、牧产品为原料，着力开展多样化的农业深加工产品，增加产品种类，如以遗产地的小麦、大麦、红花、油菜、荞麦、青稞、豆类等绿色农产品为原料，开发出系列深加工产品，以哈萨克族畜牧产品为原料加工奶制品、肉制品、皮制品、毛制品等。在遗产地范围内建立包含"江布拉克""古城""一棵树"等字眼的"农业文化遗产"系列生态产品品牌，搭建起科研支撑框架，扶持数家农业产业龙头企业。在农业文化遗产重点保护区，推动农业有机生产认证；扶持数家经营百亩以上的"农业生产专业户"。探索"企业+农户""农户+农业专业合作社"等生态产品生产模式。

中期，可以继续提升农业深加工产品的多样化程度；在农业文化遗产重点保护区，实现农产品的有机认证，形成稳定的产品宣传渠道，将包含"江布拉克""古城""一棵树"等字眼的农业品牌打造为国内知名品牌；扶持几家质量上乘、信誉卓著，国内知名的农产品加工龙头企业，使奇台旱作农业产品成为健康产品的标志。

远期，以奇台旱作农业系统的资源为基础，打造出一批国内知名的标志性生态农业产品；建立完善的有机农业生产基地，形成成熟的产品宣传渠道，将包含"江布拉克""古城""一棵树"等字眼的农业品牌打造成国内外知名品牌，产品畅销国内外。

3. 构建三产融合的综合农业体系

充分利用遗产地的现有农产品资源、工业基础、产品品牌基础、旅游资源和基础设施，以旱作农业文化遗产为文化内涵，围绕农业文化遗产元素开发特色农产品种植、特色农产品加工、特色旅游（农耕文化体验游、农家乐、民族文化体验游、农业观光游、夏季休闲避暑度假、疏勒城文化等旅游），形成以奇台旱作农业为主的一二三产融合的综合产业体系。

首先，完成遗产地范围内农产品资源、生物资源、文化资源、遗产旅游资源普查和评价，建立产业发展的资源数据库；确定农业文化遗产一二三产发展的思路，完成农业文化遗产一二三产融合发展规划的总体思路。

其次，健全县域范围内产业发展的基础设施和服务体系；完善景点周围道路交通等旅游基础设施建设；完善遗产地农业、旅游产业、农产品加工业的开发和空间布局，进一步完成多个产品的开发和著名品牌的打造。最后，将遗产地建成集特色农业生产、特色产品加工、观光体验、山水游乐和古城游览于一体的三产融合的农业综合体，形成以旱作农业为特色的可持续发展的产业体系。

4. 编制保护与发展规划

按照全球重要农业文化遗产动态保护和适应性管理的基本思想与农业部提出的中国重要农业文化遗产的动态保护和适应性管理的理念，通过规划遗产重要保护区和一般保护区，制定有计划有步骤的生态、文化和景观保护方案和实施措施，有效的保护和恢复原有的传统农业生态、农业文化、农业景观；依据经济学理论、区位论、可持续发展理论，按照产品开发与加工、品牌打造、产业体系的完善、品牌监督与管理的顺序，开发具有奇台旱作农业系统特点的生态产品、

中国重要农业文化遗产保护与发展规划

生态旅游和特色农业；通过系列传统农业技术培训和遗产宣传活动提高农户以及相关管理人员参与奇台旱作农业的保护与产品开发的自觉性；培养一批觉悟高、具有生态保护意识和探索精神的农业管理人员和新型农民，通过积极引导，使农业文化遗产地实现可持续发展。

5. 完善和制定旱作农业系统的相关保护条例

完善《"奇台旱作农业系统"保护与发展管理办法》，明确保护与

发展管理的政策措施，包括促进雨养农业系统保护和产业发展的相关优惠政策和激励机制，制定完善的监督检查、定期报告和奖励惩罚手段等。

尽快制定《"奇台旱作农业系统"农业文化遗产标志使用管理办法》，明确标志的管理部门、审批程序、使用规定和考核办法。建立激励机制，严格奖惩考核。县乡要建立行之有效的激励制度，对在农业生态保护与生态农产品及产业开发中做出突出贡献的乡、村、户、企业、农民经纪人、科技人员给予重奖，授予荣誉称号。在遗产地乡镇，把农业文化遗产保护与发展作为考核乡、村干部的一条重要标准。

6. 提高民众农业文化遗产保护意识

可通过多种手段，让广大人民群众接触、了解到自觉保护旱作农业系统的重要性。如编写《农业文化遗产领导干部读本》，普及农业文化遗产相关知识、理念及工作思路；编写《农民实用技术手册》和面向中小学生的乡土教材，将奇台旱作农业系统的历史、技术及农业文化遗产保护与发展理念纳入群众教育和基础教育。在保护与发展重点区域内建立旱作农耕文明教育基地，以中小学生农业实践教育和旱作农耕文明展示为主要目标，定期开展教育活动。

借助文化下乡活动，唤醒社区民众的文化自觉。譬如文化部门借助文化下乡等手段，开展农民教育，制作并发放电教材料，宣传农业文化遗产及其保护与发展理念。农业技术部门将农业文化遗产保护与发展生态农业的要求，切实落实到日常工作中，在农技知识普及中加入农业文化遗产的部分内容。

借助高速公路出口、县城以及旅游线路周边地区开展大规模的本地宣传。制作折页、挂历、邮票、光盘等宣传品用于对外交流和宣传。以电视广告、农业指导书、巡展等方式，在主要的产品市场地和旅游客源地优先开展宣传活动，提高全社会对奇台旱作农业系统及其产品的关注和认识。

附录

新疆奇台旱作农业系统

附录1 旅游资讯

（一）特色景区

1. 新疆第一窖古城酒业公司——国家工业旅游示范点

"地生奇台奇，酒源古城古。"新疆第一窖古城酒业作为新疆白酒业和酒文化的发源地。距今已有600多年的酿造历史，享有"中华老字号，新疆第一窖"的美称，据史料记载：明永乐初年，陈诚所著的《西域番国志》中，就有奇台一代："间食米面，稀有菜蔬，小酿酒醴"的记载。2005年2月，这里被国家旅游局授予"全国工业旅游示范点"。

新疆第一窖古城酒业拥有目前奇台县旅游景区唯一一家上规模、上档次、上品位的游客服务中心，其以明代风格为装修元素，曾于1989年7月筹建，1990年10月竣工并一度成为供古城酒业干部职工集会、休闲、娱乐为一体的工会大厅，今天却焕然一新，成为全力打造新疆旅游胜地的一大亮丽风景。

接待服务中心环境优雅，设施完善。占地376平方米，贵宾接待中心占地面积96平方米，总投资近300万元。设有酒文化展示厅、购物中心、贵宾接待室和讲解员服务站。

新疆第一窖古城酒业公司

2.江布拉克国家AAAA级旅游景区

江布拉克景区位于奇台县半截沟镇,距县城45千米,距乌鲁木齐195千米,是国家级森林公园、国家AAAA级旅游景区、被中国科学院确定为保护最完整的最早绿洲文化之一。景区总面积48平方千米,是古丝绸北道重要景区之一,由万亩旱麦田、天山怪坡、汉疏勒城、木栈道、黑湖等景点构成。景区旅游资源得天独厚,融雄伟壮丽的自然风光、历史悠久的人文景观、绚丽多姿的民族风情为一体,景点特色鲜明,景色优美,既有世界珍稀的旅游资源,也有风格独特的奇山异水,每年吸引众多国内外游客前来观光旅游,现已成为新疆旅游产业发展的知名品牌和休闲旅游度假胜地。

江布拉克景区

江布拉克景区

3. 硅化木·恐龙国家地质公园

硅化木·恐龙国家地质公园是国土资源部于2004年1月批准的第四批国家地质公园，公园总面积约492平方千米。园区以形成于距今1.5亿年前的硅化木、恐龙化石和神奇的"雅丹"地貌——"东方魔鬼城"为特征，整个公园包括硅化木园、恐龙沟、魔鬼城等主景区和外围多个景区和景点。

硅化木地质遗迹介绍：硅化木园位于奇台县城以北150千米的将军戈壁，海拔500~1 000米。在这条5千米×2.33千米的山谷地带，出露着近千棵硅化木。硅化木，又称树木化石，据考证在1.5亿年前的侏罗纪时期，由于地壳运动和地理环境变迁，森林被深埋地下，树木与地下水中的二氧化硅进行分子间的等速置换，直至木质结构被二氧化硅取代，而形成了树木结构的硅化木化石；时过境迁，这些树木化石通过地壳运动和风化作用，又被推上地表，重见天日。2004年，该园被评为国家地质公园。

恐龙沟地质遗迹介绍：恐龙沟位于奇台县城以北150千米的将军戈壁，平均海拔617米，恐龙化石相对集中在台地南端不到2平方千米的山谷里。这里地形呈孤立台地状丘陵，颜色为红、灰色，出露的地层为中生代侏罗纪中统，岩性为砂岩、泥岩、砂质泥岩等。1984年以来，国内外古生物专家在恐龙谷一带先后挖出卡拉麦里龙、马门溪龙、江氏单脊龙等几十具恐龙化石。其中，中加马门溪龙骨架长30.4米，高10余米，是亚洲第一，世界第二大恐龙化石；2006年8月28日出土的长36米，高10米，重50吨的马门溪龙化石，成为世界第一大恐龙化石。恐龙谷地质对研究恐龙的产生、灭绝及生态变化，具有十分重要的科学价值。

恐龙沟地质遗迹

硅化木地质遗迹

4. 奇台县博物馆

　　奇台县博物馆是奇台县文体局下设财政全额拨款的事业单位，创建于1993年，位于奇台县犁铧尖文化大厦三楼。博物馆占地面积1 800平方米，陈列面积1 450平方米，是全疆一流的县级博物馆。

　　1968年修建的奇台县展览馆是奇台县博物馆的前身，当时的展览馆以奇台的农业、工业发展为主。2006年10月新馆建成并投入使用，新馆的陈列分为：沧海桑田、春秋大地、民俗风情3个部分，以历史陈列为主，又增加了地质陈列、民俗陈列及现代工农业产品陈列。现有藏品1 500余件，其中包括国家二级文物6件，三级文物36件和大量未鉴别文物。重要展品有：石祖、石人俑、青铜戈、蜡性干尸、汉代瓦当和板瓦等。博物馆藏品均为采集、征集、捐赠。藏品类别有化石标本、石器、铜器、陶器、瓷器、铁器、木器、钱币等。为防止藏品损伤和自然老化，博物馆对藏品进行专人专管，对干尸标本进行药物防腐处理。火山模型运用了声控、光控技术。博物馆在2008年成功申报"新疆维吾尔自治区级爱国主义教育基地""新疆维吾尔自治区AA级旅游景点"和"昌吉州国防教育基地"，2010年成功申报"昌吉州科普教育基地"。

奇台县博物馆

5. 壹方阳光丝路北道文化产业园

壹方阳光丝路北道文化产业园区位、交通优势明显，占地约1 200亩。景区以生态农业开发为基础，以绿色农产品种植、休闲采摘、民俗体验、民俗竞技重点，打造休闲度假旅游一体化精品景区。景区建有农耕文化博物馆、采摘园、垂钓池、设施农业、赛马场等，规划新建儿童乐园、农作物迷宫、田园风光区、生态养殖、野营烧烤等项目。生态农业观光园以游客参与互动为特色，有采摘、走迷宫、酿酒（果酒／葡萄酒）、编织、垂钓、植物组织培养等体验项目，是久居城市的人回归自然，追究野趣，体验"住一天农家屋，干一天农家活，吃一天农家饭"乐趣的理想度假园区，也是学校进行"寓教于游，寓教于乐"的科普教育理想之地。2015年成功创建国家AAA级景区。农业园建有规模较大的阳光佳苑农家乐于2014年创建为四星级农家乐，建筑颇具乡村风格，拥有大、小各异的包厢、散台等，设施设备齐全，可一次性接待500人就餐。菜品使用农业园种养的优质绿色有机农产品，游客可现采现做，提升休闲度假的参与性和体验性。

壹方阳光丝路北道文化产业园

壹方阳光丝路北道文化产业园

（二）

饮食特产

1. 过油肉

过油肉起源于明代，原是官府中的一道名菜，后来传到太原一带的民间，"过油肉"一菜以油传热，因过油而名，火候对此菜特别重要，是菜品成败的关键。油温应控制在165℃左右，过油最佳，可使肉片达到平整舒缓，光滑利落，不干不硬，色泽金黄的效果。过油肉口感外软里嫩，不薄不厚，稍有明油，营养丰富。

2. 生烧肉

生烧肉是新疆的一种典型的风味小吃，滋味醇厚鲜嫩。生烧肉没有炉烤烤肉的那种烟熏味，口感更具有原料和调味品的本味。生烧肉制成后，色泽红亮，油润感强，肉嫩，咸辣，孜然香味浓郁，是当地居民家中常见菜品。

过油肉

生烧肉

3. 粉蒸羊肉

粉蒸羊肉，又称"清真粉蒸牛羊肉"，顾名思义，为回民小吃。以新鲜牛羊肉和面粉为原料，13种西域秘传调料腌制入味，经文武火蒸制而成。色泽芳香浓郁，观之食欲大开。可直接食用，也可佐以荷叶饼夹食。

4. 大盘鸡

新疆大盘鸡是新疆地区的名菜，主要用料为鸡块和土豆块，配皮带面烹饪而成。菜品以鸡肉爽滑麻辣和土豆软糯甜润为特点，辣中有香，粗中带细。标准的大盘鸡须配皮带面（皮带宽的面条），使其兼具肉食、主食、蔬菜的营养价值。

粉蒸羊肉

大盘鸡

黄面

5. 黄面

黄面是奇台县的一道独具特色的日常食品。出名的拉黄面师傅多来自回族,拉出的面细如游丝,柔韧耐嚼。再加上蒜、醋、辣椒等配料,精致独到,深受群众欢迎。

黄面制作工艺极其讲究,操作难度大。在制作时,拉面师傅双手舞动淡黄色的面团,先拉成长条状,再旋转拧成麻花状,反复如此,像变玩杂技一样,将一团团7~8斤重的面团拉成细粉丝状。煮熟的黄面色黄晶亮,吃起来开胃去腻。

6. 油塔子

油塔子是奇台人日常主食,是奇台县最具特色的小吃之一。油塔子形状似塔,是回族人发明的面油食品。

油塔子

一般做早点配合粉汤吃。油塔子是依据其形状而得名的。原料是精白面粉、炼过的羊油、清油和精盐、花椒、纯碱。塔子色白油亮，面薄似纸，层次很多，油多而不腻，香软而不沾，老少皆宜。

7. 奇台汆汤肉

汆汤肉是在生活水平不高条件下，奇台人创造出来的杰作。其特点是快捷方便，肥美解馋。奇台人在烧汤时，一般选肥瘦适中的牛肉或羊肉切成薄片，与白菜、萝卜与粉条一起用开水汆煮而成，味道略酸，且酸中带辣，回味无穷。

奇台汆汤肉

8. 奇台肉拌汤

肉拌汤被奇台人称为餐桌上的"醒酒汤"。其制作方法为：将面粉加水搅拌成细碎的小颗粒，并与剁好的肉末一同开水下锅，边倒边搅，汤呈不稠不稀的面糊状，出锅时加适量精盐、胡椒、生姜末和香菜等调味品即可。其特点是香辣可口，发汗提神。每当你酒后难受的时候，喝一碗喷香的肉拌汤，你会感至烫心暖胃，浑身通泰，立感酒醒大半。制作方法简单，家家户户都会做，颇受当地爱喝酒人的青睐。

奇台肉拌汤

（三）
交通状况

1. 出租车

奇台县出租车起步价5元（3千米），不收取燃油附加费，3千米以上为1.2元/千米。夜间（午夜0点到早晨7点）起步价5元（3千米），3千米以上为1.4元/千米。

2. 公交车

奇台县内的公交车均为一票制，票价分别为1元、2元、2.5元。

奇台县主要的公交枢纽站包括：东门车站公交站（长途客运站正门停车场）、110团公交站、108团公交站、干桥公交站、天和市场公交站、县医院公交站（县医院后门）、古城明珠二期公交站、城西石材工业园区公交站、东部区物流园公交站、瀚景轩公交站、南湖牧场公交站、二运司公交站。

3. 长途汽车

奇台长途客运站只有一家，有发往昌吉、乌鲁木齐、石河子、青河、吐鲁番、五家渠、阿勒泰、富蕴、库尔勒、哈密、鄯善等地的长途汽车55班次。

奇台东门车站电话为：0994-7211961。

4. 机场

目前还没有建成的机场，计划建设三级机场一个。预选场址位于西北湾乡。

西北湾场址位于奇台县城正北方向直线距离约15.7千米处，跑道基准点坐标拟定为北纬44°09′58″，东经89°33′11″（WGS-84坐标系），初步拟定跑道真方位为90°～270°。

预选场址周边有省道S240线（公路等级二级）、S303线（公路等级二级）、X167线（公路等级三级）、Y002线（公路等级四级）、Y010线（公路等级四级），道路状况良好。

机场进场路引接方案：路线一经X167线连接Y002线直通预选场址，公路里程16千米，路面宽度为6米，加宽后道路路面宽度为16米；路线二经S240线连接Y010线直通预选场址，公路里程24千米，路面宽度为6米，加宽后道路路面宽度为16米。

规划机场进场路与Y002线连接，拟建宽度为双向四车道，16米宽，路线长度2千米。

（四）

推荐路线

1. 农业文化遗产游

路线：奇台县——江布拉克万亩旱田——疏勒城遗址——天山怪坡——花海子——农事体验区——哈萨克民族游牧风情

2. 休闲农业游

路线：林区公路——碧流河闽奇花卉基地——奇思特拓展训练中心——吉布库壹方阳光丝路北道文化产业园

3. 沙漠景观游

路线：奇台县城——硅化木·恐龙国家地质公园——大小魔鬼城——"史前博物馆"

4. 西域汉文化游

路线：奇台县城——东地大庙（西地镇）——猎隼基地金沙花海（西地镇）

5. 绿色生态游

路线：奇台县——海棠大道（吉布库镇）——壹方阳光科技园（吉布库镇）——平顶山一棵树（七户乡）——人民公社博物馆（老奇台镇）——奇台县

附录2　大事记

●距今4 000年的新石器时代，奇台县境内已有原始村落，那时已有农业活动。

●汉宣帝地节二年（前68年），西汉将领郑吉攻破车师国，车师国王臣服于西汉，郑吉派遣官兵300人在此屯田。

●汉宣帝神爵二年（前60年），郑吉再次率兵出征西域，北匈奴归服西汉，西汉在新疆地区设西域都护府，迁徙军队到此屯田。

●西汉末年至东汉初年，由于汉朝内部势力的斗争，西域匈奴各部族袭扰占领天山南北水草丰茂的草原地带，因少数民族的牧业，使旱作农业的发展受到的中断。

●东汉永平十七年（74年），东汉明帝派遣窦固和耿秉前往西域征讨北山匈奴。重新设立西域都护府，任耿恭为戊校尉，屯兵在车师后国的金蒲城，军屯农业得以恢复。

●东汉末年，四处动乱，军阀割据不断，西域突厥族各游牧部落进入天山南北。

●唐贞观三年（629年），唐太宗李世民命李靖为大军统帅出征西域，西域22国均向唐朝臣服。在金蒲城西北的方圆百里的沃野地带筑城堡，设置蒲类县（奇台县城北郊），隶属庭州所辖，旱作农业开始复兴。

●10世纪初，唐朝衰落，五代十国兴起，契丹族酋长耶律阿保机在西域建立辽国。在五代、北宋、金、辽各朝，共长达300年的历史时期，奇台地区一直处于西辽的辖领之下，主要以发展牧业为主。

●13世纪初叶，成吉思汗领兵西进，统治西域，属"别失八里"（蒙古语，即"北庭五城"的意思）的奇台，又归属元朝的管辖之下。

● 元至元十八年（1281年）在别失八里先后建设织造厂、冶炼场，设立大使一员（官位为"六品"），开发手工作坊，编织贡品锦衣，鼓铸兵器农具；另外，还命万户綦公直率领南人汉军戍守别失八里。

● 至元十八年（1281年）到二十二年（1285年），元朝派新附军1400人（蒙军）会同值戍的汉军在别失八里屯田。经过元朝近百年的开拓经略，包括蒲类在内的别失八里，已具备了军政及屯垦的完备体制，成了13世纪后期与14世纪初期的天山北路政治、经济、军事的中心。

● 1368年，明朝建立，明太祖朱元璋于洪武十三年（1380年），派都督濮英领兵进入西域，别失八里的东察合台汗国新嗣汗王沙米查丁向明朝朝廷进贡臣服。

● 15世纪初期，西蒙古厄鲁特部的瓦拉部族，进入别失八里滋扰掳掠，长期游牧于北庭地区此，使已有700多年农业历史的古奇台衰落、荒芜，最终导致返荒退化，使这古城湮没在沙碛、黄土、荒草中，在明代后期到清代中期的350余年间，庭州、蒲类的建置，已不复存在。

● 清乾隆二十一年（1756年），清政府开始在天山以北水肥土沃的地方屯田，奇台县是重要的屯田之地，垦田面积达1.2万亩，种植的作物主要有小麦和豌豆。

● 乾隆三十八年（1773年），设奇台县，隶巴里坤镇西府（后于咸丰三年改由迪化直隶州辖）。

● 同治三年（1864年），全县已发展到"四乡田野，村庄相望，田角轮歇，岁有余粮，最为富庶"。后因局势生变，瘟疫四起，奇台的移民屯垦几乎废弃。

● 光绪二十一年（1895），奇台镇人口大量增长，手工业迅速发展，贸易繁荣，各路商贾云集古城。

● 光绪三十四年（1908年），奇台共有垦熟地18.78万亩，内地农业技术大量传入，奇台农业发达，粮食富足，成为内地大批逃难人，避难之所。

● 民国5年（1916年）起，招垦农户作为知事政绩的一项指标的政策制定，奇台农业又进一步发展。

● 民国28年（1939年），县政府始设建设科管理农田水利事项，奇台县的旱作农业面积达2.25万亩。

● 新中国成立后，农业合作化运动、农业技术的推广，1957年全县耕地开垦面积达68.53万亩，粮食产量比成立之初增加了79.7%。

● 1958年后，人民公社化导致开垦草场种粮现象盛行，"三铧一耙"的粗放经营使耕地面积迅速扩大，然而粮食产量有减无增。

● 1960年后，"浮夸风""共产风"得到扼制，水利建设、农业机械化推广，良种选育和化肥使用，在耕地面积没有增加的情况下，粮食产量突破亿斤。

● "文革"期间农业生产受到破坏。

● 改革开放后，经营体制的变化，农业结构调整，作物种植多样化，农业科技普及，科学种田，农业产量大幅提升，奇台旱作农业出现了全新的局面。

● 2009年，荣获"全国粮食生产先进县（农场）标兵"。

● 2010年，荣获"全国粮食生产先进县"。

● 2011年，荣获"全国粮食生产先进单位"。

● 2014年，荣获新疆维吾尔自治区"农产品质量安全监管示范县"称号。

● 2015年，成功获批为"第三批中国重要农业文化遗产"。

附录3 全球/中国重要农业文化遗产名录

1. 全球重要农业文化遗产

2002年，联合国粮农组织（FAO）发起了全球重要农业文化遗产（Globally Important Agricultural Heritage Systems, GIAHS）保护项目，旨在建立全球重要农业文化遗产及其有关的景观、生物多样性、知识和文化保护体系，并在世界范围内得到认可与保护，使之成为可持续管理的基础。

按照FAO的定义，GIAHS是"农村与其所处环境长期协同进化和动态适应下所形成的独特的土地利用系统和农业景观，这些系统与景观具有丰富的生物多样性，而且可以满足当地社会经济与文化发展的需要，有利于促进区域可持续发展"。

截至2017年3月底，全球共有16个国家的37项传统农业系统被列入GIAHS名录，其中11项在中国。

全球重要农业文化遗产（37项）

序号	区域	国家	系统名称	FAO批准年份
1	亚洲	中国	中国浙江青田稻鱼共生系统 Qingtian Rice-Fish Culture System, China	2005
2			中国云南红河哈尼稻作梯田系统 Honghe Hani Rice Terraces System, China	2010
3			中国江西万年稻作文化系统 Wannian Traditional Rice Culture System, China	2010

续表

序号	区域	国家	系统名称	FAO批准年份
4	亚洲	中国	中国贵州从江侗乡稻-鱼-鸭系统 Congjiang Dong's Rice-Fish-Duck System, China	2011
5			中国云南普洱古茶园与茶文化系统 Pu'er Traditional Tea Agrosystem, China	2012
6			中国内蒙古敖汉旱作农业系统 Aohan Dryland Farming System, China	2012
7			中国河北宣化城市传统葡萄园 Urban Agricultural Heritage of Xuanhua Grape Gardens, China	2013
8			中国浙江绍兴会稽山古香榧群 Shaoxing Kuaijishan Ancient Chinese *Torreya*, China	2013
9			中国陕西佳县古枣园 Jiaxian Traditional Chinese Date Gardens, China	2014
10			中国福建福州茉莉花与茶文化系统 Fuzhou Jasmine and Tea Culture System, China	2014
11			中国江苏兴化垛田传统农业系统 Xinghua Duotian Agrosystem, China	2014
12		菲律宾	菲律宾伊富高稻作梯田系统 Ifugao Rice Terraces, Philippines	2005
13		印度	印度藏红花农业系统 Saffron Heritage of Kashmir, India	2011
14			印度科拉普特传统农业系统 Traditional Agriculture Systems, India	2012
15			印度喀拉拉邦库塔纳德海平面下农耕文化系统 Kuttanad Below Sea Level Farming System, India	2013

序号	区域	国家	系统名称	FAO批准年份
16	亚洲	日本	日本能登半岛山地与沿海乡村景观 Noto's Satoyama and Satoumi, Japan	2011
17			日本佐渡岛稻田-朱鹮共生系统 Sado's Satoyama in Harmony with Japanese Crested Ibis, Japan	2011
18			日本静冈传统茶-草复合系统 Traditional Tea-Grass Integrated System in Shizuoka, Japan	2013
19			日本大分国东半岛林-农-渔复合系统 Kunisaki Peninsula Usa Integrated Forestry, Agriculture and Fisheries System, Japan	2013
20			日本熊本阿苏可持续草地农业系统 Managing Aso Grasslands for Sustainable Agriculture, Japan	2013
21			日本岐阜长良川流域渔业系统 The Ayu of Nagara River System, Japan	2015
22			日本宫崎山地农林复合系统 Takachihogo-Shiibayama Mountainous Agriculture and Forestry System, Japan	2015
23			日本和歌山青梅种植系统 Minabe-Tanabe Ume System, Japan	2015
24		韩国	韩国济州岛石墙农业系统 Jeju Batdam Agricultural System, Korea	2014
25			韩国青山岛板石梯田农作系统 Traditional Gudeuljang Irrigated Rice Terraces in Cheongsando, Korea	2014
26		伊朗	伊朗喀山坎儿井灌溉系统 Qanat Irrigated Agricultural Heritage Systems of Kashan, Iran	2014

序号	区域	国家	系统名称	FAO批准年份
27	亚洲	阿联酋	阿联酋艾尔与里瓦绿洲传统椰枣种植系统 Al Ain and Liwa Historical Date Palm Oases, the United Arab Emirates	2015
28		孟加拉	孟加拉国浮田农作系统 Floating Garden Agricultural System, Bangladesh	2015
29	非洲	阿尔及利亚	阿尔及利亚埃尔韦德绿洲农业系统 Ghout System, Algeria	2005
30		突尼斯	突尼斯加法萨绿洲农业系统 Gafsa Oases, Tunisia	2005
31		肯尼亚	肯尼亚马赛草原游牧系统 Oldonyonokie/Olkeri Maasai Pastoralist Heritage Site, Kenya	2008
32		坦桑尼亚	坦桑尼亚马赛游牧系统 Engaresero Maasai Pastoralist Heritage Area, Tanzania	2008
33			坦桑尼亚基哈巴农林复合系统 Shimbwe Juu Kihamba Agro-forestry Heritage Site, Tanzania	2008
34		摩洛哥	摩洛哥阿特拉斯山脉绿洲农业系统 Oases System in Atlas Mountains, Morocco	2011
35		埃及	埃及锡瓦绿洲椰枣生产系统 Dates Production System in Siwa Oasis, Egypt	2016
36	南美洲	秘鲁	秘鲁安第斯高原农业系统 Andean Agriculture, Peru	2005
37		智利	智利智鲁岛屿农业系统 Chiloé Agriculture, Chile	2005

2. 中国重要农业文化遗产

我国有着悠久灿烂的农耕文化历史，加上不同地区自然与人文的巨大差异，创造了种类繁多、特色明显、经济与生态价值高度统一的重要农业文化遗产。这些都是我国劳动人民凭借独特而多样的自然条件和他们的勤劳与智慧，创造出的农业文化的典范，蕴含着天人合一的哲学思想，具有较高的历史文化价值。农业部于2012年开始中国重要农业文化遗产发掘工作，旨在加强我国重要农业文化遗产的挖掘、保护、传承和利用，从而使中国成为世界上第一个开展国家级农业文化遗产评选与保护的国家。

中国重要农业文化遗产是指"人类与其所处环境长期协同发展中，创造并传承至今的独特的农业生产系统，这些系统具有丰富的农业生物多样性、传统知识与技术体系和独特的生态与文化景观等，对我国农业文化传承、农业可持续发展和农业功能拓展具有重要的科学价值和实践意义"。

截至2017年3月底，全国共有62个传统农业系统被认定为中国重要农业文化遗产。

中国重要农业文化遗产（62项）

序号	省份	系统名称	农业部批准年份
1	北京	北京平谷四座楼麻核桃生产系统	2015
2		北京京西稻作文化系统	2015
3	天津	天津滨海崔庄古冬枣园	2014
4	河北	河北宣化城市传统葡萄园	2013
5		河北宽城传统板栗栽培系统	2014
6		河北涉县旱作梯田系统	2014
7	内蒙古	内蒙古敖汉旱作农业系统	2013
8		内蒙古阿鲁科尔沁草原游牧系统	2014
9	辽宁	辽宁鞍山南果梨栽培系统	2013
10		辽宁宽甸柱参传统栽培体系	2013
11		辽宁桓仁京租稻栽培系统	2015

续表

序号	省份	系统名称	农业部批准年份
12	吉林	吉林延边苹果梨栽培系统	2015
13	黑龙江	黑龙江抚远赫哲族鱼文化系统	2015
14		黑龙江宁安响水稻作文化系统	2015
15	江苏	江苏兴化垛田传统农业系统	2013
16		江苏泰兴银杏栽培系统	2015
17	浙江	浙江青田稻鱼共生系统	2013
18		浙江绍兴会稽山古香榧群	2013
19		浙江杭州西湖龙井茶文化系统	2014
20		浙江湖州桑基鱼塘系统	2014
21		浙江庆元香菇文化系统	2014
22		浙江仙居杨梅栽培系统	2015
23		浙江云和梯田农业系统	2015
24	安徽	安徽寿县芍陂（安丰塘）及灌区农业系统	2015
25		安徽休宁山泉流水养鱼系统	2015
26	福建	福建福州茉莉花与茶文化系统	2013
27		福建尤溪联合梯田	2013
28		福建安溪铁观音茶文化系统	2014
29	江西	江西万年稻作文化系统	2013
30		江西崇义客家梯田系统	2014
31	山东	山东夏津黄河故道古桑树群	2014
32		山东枣庄古枣林	2015
33		山东乐陵枣林复合系统	2015
34	河南	河南灵宝川塬古枣林	2015
35	湖北	湖北赤壁羊楼洞砖茶文化系统	2014
36		湖北恩施玉露茶文化系统	2015

序号	省份	系统名称	农业部批准年份
37	湖南	湖南新化紫鹊界梯田	2013
38		湖南新晃侗藏红米种植系统	2014
39	广东	广东潮安凤凰单丛茶文化系统	2014
40	广西	广西龙胜龙脊梯田系统	2014
41		广西隆安壮族"那文化"稻作文化系统	2015
42	四川	四川江油辛夷花传统栽培体系	2014
43		四川苍溪雪梨栽培系统	2015
44		四川美姑苦荞栽培系统	2015
45	贵州	贵州从江侗乡稻-鱼-鸭系统	2013
46		贵州花溪古茶树与茶文化系统	2015
47	云南	云南红河哈尼稻作梯田系统	2013
48		云南普洱古茶园与茶文化系统	2013
49		云南漾濞核桃-作物复合系统	2013
50		云南广南八宝稻作生态系统	2014
51		云南剑川稻麦复种系统	2014
52		云南双江勐库古茶园与茶文化系统	2015
53	陕西	陕西佳县古枣园	2013
54	甘肃	甘肃皋兰什川古梨园	2013
55		甘肃迭部扎尕那农林牧复合系统	2013
56		甘肃岷县当归种植系统	2014
57		甘肃永登苦水玫瑰农作系统	2015
58	宁夏	宁夏灵武长枣种植系统	2014
59		宁夏中宁枸杞种植系统	2015
60	新疆	新疆吐鲁番坎儿井农业系统	2013
61		新疆哈密哈密瓜栽培与贡瓜文化系统	2014
62		新疆奇台旱作农业系统	2015